新时代新理念职业教育（含技师教育）教材 · 铁道运输类
铁道运输服务、高速铁路乘务专业系列教材
行业紧缺人才、关键岗位从业人员培训教材

接发列车工作活页式教程

主　编　安雯娜
副主编　于　慧

北京交通大学出版社
· 北京 ·

内 容 简 介

本书针对接发列车作业岗位所需知识与技能进行编写，按照接发列车作业现场实作的具体要求，结合职业教育特点，共设置 5 个项目，包括：接发列车作业标准、车机联控作业标准、设备特性、非正常情况接发列车、调车作业的有关规定。本书主要侧重介绍作业标准及非正常情况下的应急处置，此外还增加了设备特性等相关内容，以期更好地将设备特点融汇到应急处置作业中。

本书可作为中职教育相关专业教学用书，也可供车务系统接发列车作业人员使用。

图书在版编目（CIP）数据

接发列车工作活页式教程 / 安雯娜主编. —北京：北京交通大学出版社，2023.3
ISBN 978-7-5121-4922-9

Ⅰ. ① 接…　Ⅱ. ① 安…　Ⅲ. ① 铁路车站－车站作业－教材　Ⅳ. ① U292.15

中国国家版本馆 CIP 数据核字（2023）第 045199 号

接发列车工作活页式教程
JIEFA LIECHE GONGZUO HUOYESHI JIAOCHENG

策划编辑：刘　辉　　责任编辑：刘　蕊
出版发行：北京交通大学出版社　　电话：010-51686414　　http://www.bjtup.com.cn
地　　址：北京市海淀区高梁桥斜街 44 号　　邮编：100044
印 刷 者：北京鑫海金澳胶印有限公司
经　　销：全国新华书店
开　　本：185 mm×260 mm　　印张：11.5　　字数：287 千字
版 印 次：2023 年 3 月第 1 版　　2023 年 3 月第 1 次印刷
印　　数：1～2 500 册　　定价：45.00 元

本书如有质量问题，请向北京交通大学出版社质监组反映。对您的意见和批评，我们表示欢迎和感谢。
投诉电话：010-51686043，51686008；传真：010-62225406；E-mail：press@bjtu.edu.cn。

前　言

本书针对接发列车作业岗位所需知识与技能进行编写，可作为中职教育相关专业教学用书，也可供车务系统接发列车作业人员使用。

本书按照接发列车作业现场实作的具体要求，结合职业教育特点，共设置 5 个项目，包括：接发列车作业标准、车机联控作业标准、设备特性、非正常情况接发列车、调车作业的有关规定。

本书主要侧重介绍作业标准及非正常情况下的应急处置，此外还增加了设备特性相关内容，以期更好地将设备特点融汇到应急处置作业中。

本书由中国铁路沈阳局集团有限公司职工培训基地安雯娜主编。

编者以接发列车作业实际需求为编写导向，本着一切为现场服务的原则，以规章为依据，以解决问题为准绳，整理现场接发列车作业的相关资料精心编写此书，旨在提高现场作业人员技术水平和接发列车作业质量。

由于编者水平有限，书中难免出现差错和疏漏，恳请广大读者批评指正。

编　者

2023 年 2 月

目　录

项目 1　接发列车作业标准 …… 1
任务 1.1　双线自动闭塞集中联锁（设信号员）…… 3
任务 1.2　双线自动闭塞集中联锁（未设信号员）…… 10
任务 1.3　单（双）线半自动闭塞集中联锁（设信号员）…… 16
任务 1.4　单（双）线半自动闭塞集中联锁（未设信号员）…… 24
任务 1.5　单（双）线半自动闭塞色灯电锁器联锁 …… 31
任务 1.6　自动站间闭塞集中联锁（设信号员）…… 39
任务 1.7　自动站间闭塞集中联锁（未设信号员）…… 46
任务 1.8　单（双）线电话闭塞无联锁（联锁设备失效）…… 53
任务 1.9　单（双）线自动闭塞分散自律控制模式下车站操作方式（设信号员）…… 63
任务 1.10　单（双）线自动闭塞分散自律控制模式下车站操作方式（未设信号员）…… 68
任务 1.11　自动站间闭塞分散自律控制模式下车站操作方式（设信号员）…… 72
任务 1.12　自动站间闭塞分散自律控制模式下车站操作方式（未设信号员）…… 77
项目 2　车机联控作业标准 …… 81
任务 2.1　概念 …… 83
任务 2.2　车机联控设备与作业人员 …… 84
任务 2.3　车机联控要求、信息及管理 …… 85
任务 2.4　车机联控标准 …… 87
项目 3　设备特性 …… 93
任务 3.1　电码化 …… 95
任务 3.2　中岔 …… 100

任务 3.3　延续进路 ……103
任务 3.4　防护、带动道岔 ……105
任务 3.5　道岔区段轨道电路红光带影响范围 ……111
任务 3.6　侵限绝缘 ……114
任务 3.7　设备故障信息判断 ……116
项目 4　非正常情况接发列车 ……123
任务 4.1　行车设备故障时接发列车 ……125
任务 4.2　天气不良时办理接发列车 ……139
任务 4.3　组织开行路用列车、救援列车 ……141
任务 4.4　站内无空闲线路时组织接车 ……144
任务 4.5　一切电话中断行车办法 ……145
任务 4.6　轨道电路分路不良区段办理行车 ……147
任务 4.7　施工作业 ……150
任务 4.8　普速铁路列车占用丢失行车处置措施 ……156
任务 4.9　区间通过信号机显示停车信号 ……158
任务 4.10　列车运行中碰撞线路障碍物 ……160
任务 4.11　列车发生火灾、爆炸 ……161
任务 4.12　旅客列车双管改单管作业 ……162
项目 5　调车作业的有关规定 ……163
任务 5.1　调车工作的基本要求 ……165
任务 5.2　调车工作方式 ……168
任务 5.3　调车工作领导与指挥的有关规定 ……169
任务 5.4　计划及准备 ……171
任务 5.5　正线、到发线调车作业的有关规定 ……175
参考文献 ……177

需要时可沿此线裁成活页

项目 1
接发列车作业标准

任务 1.1　双线自动闭塞集中联锁（设信号员）

1.1.1　接发列车作业程序图

1. 接车（含通过）作业程序图

接车（含通过）作业程序应符合图 1-1-1 的规定。

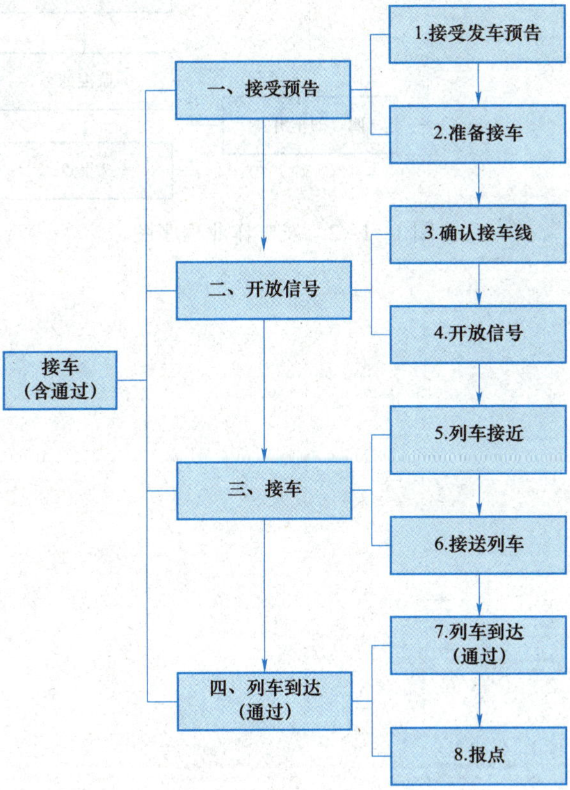

图 1-1-1　接车（含通过）作业程序图

2. 发车作业程序图

发车作业程序应符合图 1–1–2 的规定。

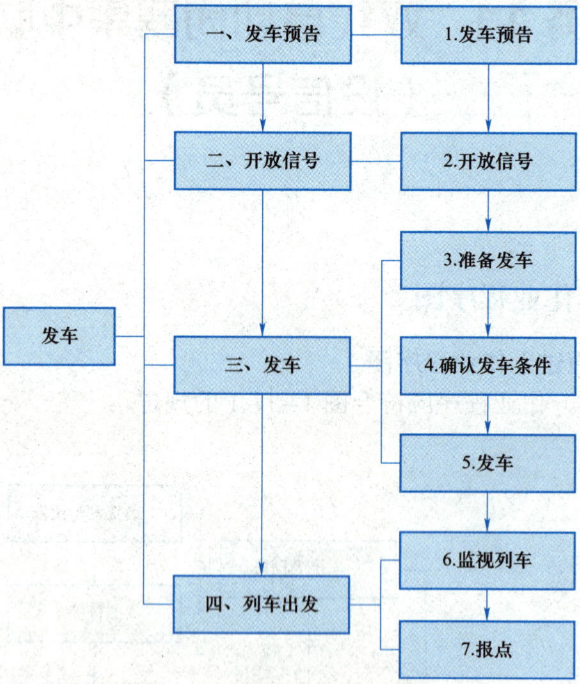

图 1–1–2　发车作业程序图

1.1.2　接发列车作业程序及技术要求

1. 接车（含通过）作业

接车（含通过）作业程序和岗位作业技术要求应符合表 1–1–1 的规定。

表 1–1–1　接车（含通过）作业程序和岗位作业技术要求表

作业程序		岗位作业技术要求			事项要求
程序	项目	车站值班员	信号员	助理值班员	
一、接受预告	1. 接受发车预告	（1）听取发车站预告，按列车运行计划核对车次、时刻、命令、指示（必要时与列车调度员联系），同意发车站预告："同意×（次）预告"	—	—	同意列车预告后，按企业规定通知有关人员
		（2）填记或确认电子行车日志	—	—	不能使用电子行车日志时，填写纸质行车日志
	2. 准备接车	（3）确定接车线	—	—	—
		（4）通知信号员："×（次）预告"，并听取复诵	（1）复诵："×（次）预告"	—	—
二、开放信号	3. 确认接车线	（5）复诵发车站开车通知："×（次）、（×点）×（分）开[通过]"	—	—	—
		（6）填记或确认电子行车日志中的发车站发车时间和本站接车线	—	—	不能使用电子行车日志时，填写纸质行车日志
		（7）通知信号员、助理值班员："×（次）开过来（了），×道停车[通过][到开]"，并听取复诵	（2）复诵："×（次）开过来（了），×道停车[通过][到开]"，并填写占线板（簿）	（1）复诵："×（次）开过来（了），×道停车[通过][到开]"，并填写占线板（簿）	助理值班员在室外作业期间接到的通知，返回后，除按规定应擦（划）掉的外，应补填占线板（簿）。必要时与车站值班员联系
		（8）按企业规定通知有关人员	—	—	—
		（9）确认接车线路空闲	—	—	—
		（10）通知信号员停止影响进路的调车作业并听取报告	（3）停止影响进路的调车作业。确认停止后报告	—	停止调车作业时机和通知、应答、报告用语，由企业规定。无影响进路的调车作业时，此项作业省略
	4. 开放信号	（11）确认列车运行计划后，通知信号员："×（次）、×道停车[通过]，开放信号"。听取复诵无误后，命令："执行"	（4）复诵："×（次）、×道停车[通过]，开放信号"	—	列车通过时，应办理有关发车作业程序。 车站值班员认为需指定延续进路或办理变通进路时，一并通知

需要时可沿此线裁成活页

续表

作业程序		岗位作业技术要求			事项要求
程序	项目	车站值班员	信号员	助理值班员	
二、开放信号	4. 开放信号	（12）确认信号正确，应答：“×道进站信号好（了）”[通过时，应答：“×道进、出站信号好（了）”]	（5）开放进站信号，口呼：“进站”，点击（按下）始端按钮；需办理变通进路时，口呼：“变通××”，点击（按下）相应变通按钮；口呼：“×道”（正线通过时，口呼：“出站”），点击（按下）终端按钮；设有延续进路时，口呼：“延续××”，点击（按下）相应延续进路按钮。确认光带、信号显示正确，口呼：“信号好（了）”	—	“变通××”中的“××”为按钮名称。 “延续××”中的“××”为延续的按钮或线路名称
三、接车	5. 列车接近	—	（6）通过信号操作终端监视信号及进路表示	—	—
		（13）再次确认信号正确，应答：“×（次）接近”	（7）第二（三）接近语音提示（接近铃响）、光带变红，再次确认信号开放正确，口呼：“×（次）接近”	—	—
		（14）通知助理值班员：“×（次）接近，×道接车”，并听取复诵	—	（2）复诵：“×（次）接近，×道接车”	特快旅客列车、特快货物班列的通知接车时机，由企业规定
	6. 接送列车	—	—	（3）到企业规定地点接车	—
四、列车到达（通过）	7. 列车到达（通过）	—	（8）通过信号操作终端监视进路、信号及列车进（出）站	（4）监视列车进站，于列车停妥后返回。通过列车，于列车尾部越过接车地点，确认列车尾部标志后返回	—
		（15）应答：“好（了）”	（9）通过信号操作终端确认列车整列进入（通过）接车线，口呼：“×（次）到达[通过]”	—	—
		（16）对通过列车通知接车站：“×（次）、（×点）×（分）通过”，并听取复诵	—	—	—
		（17）填记或确认电子行车日志	（10）对通过列车擦（划）掉占线板（簿）记载	（5）对通过列车擦（划）掉占线板（簿）记载	不能使用电子行车日志时，填写纸质行车日志
	8. 报点	（18）计算机报点系统自动向列车调度员报点	—	—	不能自动报点时，向列车调度员报点：“×（站）报点，×（次）、（×点）×（分）到[通过]”

2. 发车作业

发车作业程序和岗位作业技术要求应符合表 1–1–2 的规定。

表 1–1–2　发车作业程序和岗位作业技术要求表

<table>
<tr><th colspan="2">作业程序</th><th colspan="3">岗位作业技术要求</th><th rowspan="2">事项要求</th></tr>
<tr><th>程序</th><th>项目</th><th>车站值班员</th><th>信号员</th><th>助理值班员</th></tr>
<tr><td rowspan="2">一、发车预告</td><td rowspan="2">1. 发车预告</td><td>（1）根据列车运行计划，向接车站发出：“×（次）预告”，并听取同意的通知</td><td>—</td><td>—</td><td>—</td></tr>
<tr><td>（2）填记或确认电子行车日志</td><td>—</td><td>—</td><td>不能使用电子行车日志时，填写纸质行车日志</td></tr>
<tr><td rowspan="3">二、开放信号</td><td rowspan="3">2. 开放信号</td><td>（3）通知信号员停止影响进路的调车作业并听取报告</td><td>（1）停止影响进路的调车作业。确认停止后报告</td><td>—</td><td>停止调车作业时机和通知、应答、报告用语，由企业规定。无影响进路的调车作业时，此项作业省略</td></tr>
<tr><td>（4）确认列车运行计划后，通知信号员：“×（次）、×道发车，开放信号”。听取复诵无误后，命令：“执行”</td><td>（2）复诵：“×（次）、×道发车，开放信号”</td><td>—</td><td>车站值班员认为需办理变通进路时，一并通知</td></tr>
<tr><td>（5）确认信号正确，应答：“×道出站信号好（了）”</td><td>（3）开放出站信号，口呼：“×道”，点击（按下）始端按钮；需办理变通进路时，口呼：“变通××”，点击（按下）相应变通按钮；口呼：“出站”，点击（按下）终端按钮。确认光带、信号显示正确，口呼：“信号好（了）”</td><td>—</td><td>“变通××”中的“××”为按钮名称</td></tr>
<tr><td rowspan="4">三、发车</td><td>3. 准备发车</td><td>（6）通知助理值班员：“发×道×（次）”，并听取复诵</td><td>—</td><td>（1）复诵：“发×道×（次）”</td><td>助理值班员在室外作业时，可提前告知发车计划。
使用列车无线调度通信设备通知时，应在用语前增加姓名或代号。
动车组列车无此项作业</td></tr>
<tr><td rowspan="2">4. 确认发车条件</td><td>—</td><td>（4）通过信号操作终端监视信号及进路表示</td><td>—</td><td>—</td></tr>
<tr><td>—</td><td>—</td><td>（2）确认旅客上下、行包装卸和列检作业等完了（或得到通知）</td><td>动车组列车无此项作业</td></tr>
<tr><td>5. 发车</td><td>—</td><td>—</td><td>（3）按规定站在适当地点，显示发车信号或使用列车无线调度通信设备（发车表示器）发车</td><td>由车站值班员使用列车无线调度通信设备发车时，应确认发车条件具备（或得到报告）。
动车组列车无此项作业</td></tr>
</table>

需要时可沿此线裁成活页

续表

作业程序		岗位作业技术要求			事项要求
程序	项目	车站值班员	信号员	助理值班员	
四、列车出发	6.监视列车	（7）列车起动后，及时通知接车站：“×（次）、（×点）×（分）开”，并听取复诵	—	—	—
		（8）填记或确认电子行车日志	—	—	不能使用电子行车日志时，填写纸质行车日志
		（9）应答：“好（了）”	（5）通过信号操作终端确认列车整列出站，口呼：“×（次）出站”	（4）监视列车，于列车尾部越过发车地点，确认列车尾部标志后返回	—
		—	（6）擦（划）掉占线板（簿）记载	（5）擦（划）掉占线板（簿）记载	—
	7.报点	（10）计算机报点系统自动向列车调度员报点	—	—	不能自动报点时，向列车调度员报点：“×（站）报点，×（次）、（×点）×（分）开”

1.1.3　其他要求

（1）本任务适用于 200 km/h 以下铁路区段（仅运行动车组列车的铁路除外）双线自动闭塞集中联锁设备设信号员的车站接发列车作业。

（2）开放信号时，执行“一看、二点击（按）、三确认、四呼唤”及“眼看、手指、口呼”制度。眼看，看准应操纵的按钮；手指，鼠标箭头或光电笔对准应确认的按钮（继电联锁时为中、食指并拢成“剑指”，指向应确认的按钮）；口呼，规定用语，吐字清晰。

（3）一端有两个及其以上列车运行方向，车站值班员布置进路、确认信号时，应以线名或邻站名区别方向（“线”或“站”字可省略。分主次方向时，可只在次要方向增加线名或邻站名区分）；有两个及其以上车场或经路时，车站值班员办理预告、布置进路、确认信号，应区分车场或经路。具体办法由企业规定。

（4）列车区间运行时分小于规定的开放进站信号时分时，办理信号时机由企业规定。

（5）接发列车时，应按规定执行车机联控。

（6）未设助理值班员的车站及助理值班员不参与发车的列车，由车站值班员按规定确认发车条件具备（或得到报告）后发车（动车组列车除外），本标准中其他涉及助理值班员的有关作业省略。确认发车条件的具体办法由企业规定。

（7）信号员、助理值班员能通过 TDCS 等方式掌握车次、股道时，可不填写占线板（簿）。

（8）信号操作终端上使用的行车表示牌（帽、卡）及揭挂办法，由企业规定。信号操作终端包括计算机联锁操作终端、继电联锁及非集中联锁控制台。

（9）与本站（场）区有关作业人员间的联系、通知，可采用信息系统或设备通知（车站值班员布置进路及听取进路准备妥当的报告时除外），通知人员应及时确认被通知人员的签收回执，具体通知办法由企业规定。

（10）使用自动通过按钮的办法，由企业制定。

需要时可沿此线裁成活页

任务 1.2 双线自动闭塞集中联锁（未设信号员）

1.2.1 接发列车作业程序图

1. 接车（含通过）作业程序图

接车（含通过）作业程序应符合图 1-2-1 的规定。

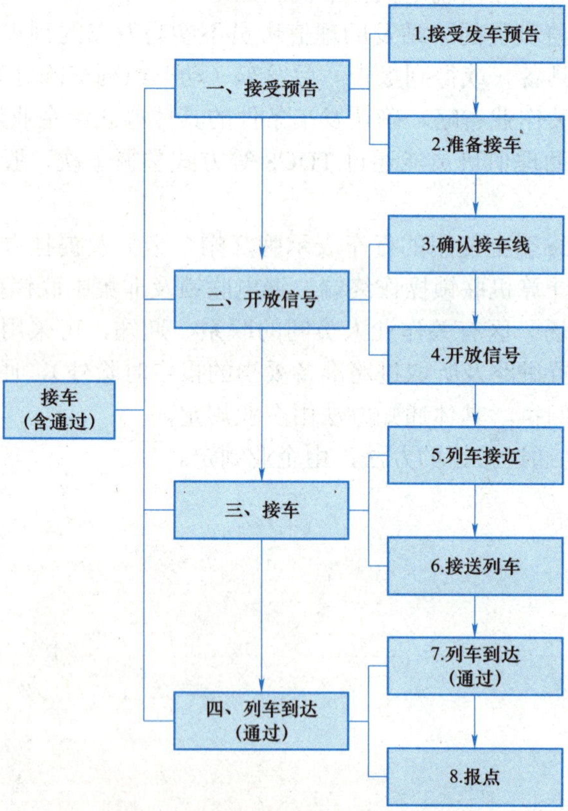

图 1-2-1 接车（含通过）作业程序图

2. 发车作业程序图

发车作业程序应符合图 1-2-2 的规定。

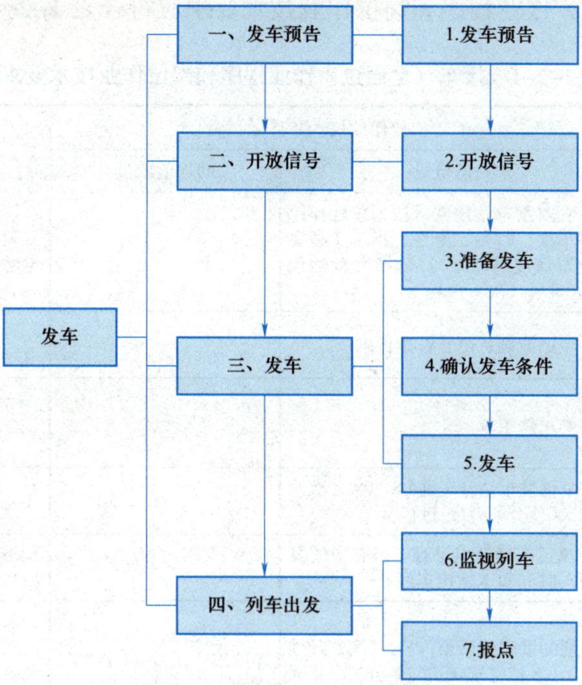

图 1-2-2　发车作业程序图

1.2.2　接发列车作业程序及技术要求

1. 接车（含通过）作业

接车（含通过）作业程序和岗位作业技术要求应符合表 1-2-1 的规定。

表 1-2-1　接车（含通过）作业程序和岗位作业技术要求表

作业程序		岗位作业技术要求		事项要求
程序	项目	车站值班员	助理值班员	
一、接受预告	1. 接受发车预告	（1）听取发车站预告，按列车运行计划核对车次、时刻、命令、指示（必要时与列车调度员联系），同意发车站预告："同意×（次）预告"	—	同意列车预告后，按企业规定通知有关人员
		（2）填记或确认电子行车日志	—	不能使用电子行车日志时，填写纸质行车日志
	2. 准备接车	（3）确定接车线	—	—
二、开放信号	3. 确认接车线	（4）复诵发车站开车通知："×（次）、（×点）×（分）开[通过]"	—	—
		（5）填记或确认电子行车日志中的发车站发车时间和本站接车线	—	不能使用电子行车日志时，填写纸质行车日志
		（6）通知助理值班员："×（次）开过来（了），×道停车[通过][到开]"，并听取复诵	（1）复诵："×（次）开过来（了），×道停车[通过][到开]"，并填写占线板（簿）	助理值班员在室外作业期间接到的通知，返回后，除按规定应擦（划）掉的外，应补填占线板（簿），必要时与车站值班员联系
		（7）按企业规定通知有关人员	—	—
		（8）确认接车线路空闲	—	—
		（9）停止影响进路的调车作业	—	停止调车作业的时机，由企业规定。无影响进路的调车作业时，此项作业省略
	4. 开放信号	（10）确认列车运行计划后，开放进站信号，口呼："进站"，点击（按下）始端按钮；需办理变通进路时，口呼："变通××"，点击（按下）相应变通按钮；口呼："×道"（正线通过时，口呼："出站"），点击（按下）终端按钮；设有延续进路时，口呼："延续××"，点击（按下）延续进路相应按钮。确认光带、信号显示正确，口呼："信号好（了）"	（2）通过信号操作终端确认信号正确，应答："×道进站信号好（了）"[通过时，应答："×道进、出站信号好（了）"]	列车通过时，应办理有关发车作业程序。 "变通××"中的"××"为按钮名称。"延续××"中的"××"为延续的按钮或线路名称。 助理值班员在室外作业时，（2）项作业省略
三、接车	5. 列车接近	（11）通过信号操作终端监视信号及进路表示	—	—
		（12）第二（三）接近语音提示（接近铃响）、光带变红，再次确认信号开放正确，通知助理值班员："×（次）接近，×道接车"，并听取复诵	（3）通过信号操作终端再次确认信号正确，复诵："×（次）接近，×道接车"	特快旅客列车、特快货物班列的通知接车时机，由企业规定
	6. 接送列车	—	（4）到企业规定地点接车	—

续表

作业程序		岗位作业技术要求		事项要求
程序	项目	车站值班员	助理值班员	
四、列车到达（通过）	7. 列车到达（通过）	（13）通过信号操作终端监视进路、信号及列车进（出）站	（5）监视列车进站，于列车停妥后返回。通过列车，于列车尾部越过接车地点，确认尾部标志后返回	—
		（14）通过信号操作终端确认列车整列进入（通过）接车线	—	—
		（15）对通过列车通知接车站：“×（次）、（×点）×（分）通过”，并听取复诵	—	—
		（16）填记或确认电子行车日志	（6）对通过列车擦（划）掉占线板（簿）记载	不能使用电子行车日志时，填写纸质行车日志
	8. 报点	（17）计算机报点系统自动向列车调度员报点	—	不能自动报点时，向列车调度员报点：“×（站）报点，×（次）、（×点）×（分）到[通过]”

需要时可沿此线裁成活页

2. 发车作业

发车作业程序和岗位作业技术要求应符合表 1–2–2 的规定。

表 1–2–2　发车作业程序和岗位作业技术要求表

作业程序		岗位作业技术要求		事项要求
程序	项目	车站值班员	助理值班员	
一、发车预告	1. 发车预告	（1）根据列车运行计划，向接车站发出：“×（次）预告”，并听取同意的通知	—	—
		（2）填记或确认电子行车日志	—	不能使用电子行车日志时，填写纸质行车日志
二、开放信号	2. 开放信号	（3）停止影响进路的调车作业	—	停止调车作业时机，由企业规定。无影响进路的调车作业时，此项作业省略
		（4）确认列车运行计划后，开放出站信号，口呼：“×道”，点击（按下）始端按钮；需办理变通进路时，口呼：“变通××”，点击（按下）相应变通按钮；口呼：“出站”，点击（按下）终端按钮。确认光带、信号显示正确，口呼：“信号好（了）”	（1）通过信号操作终端确认信号正确，应答：“×道出站信号好（了）”	“变通××”中的“××”为按钮名称。 助理值班员在室外作业时，（1）项作业省略
三、发车	3. 准备发车	（5）通知助理值班员：“发×道×（次）”，并听取复诵	（2）复诵：“发×道×（次）”	助理值班员在室外作业时，可提前告知发车计划。 使用列车无线调度通信设备通知时，应在用语前增加姓名或代号。 动车组列车无此项作业
	4. 确认发车条件	（6）通过信号操作终端监视信号及进路表示	—	—
		—	（3）确认旅客上下、行包装卸和列检作业等完了（或得到通知）	动车组列车无此项作业
	5. 发车	—	（4）按规定站在适当地点，显示发车信号或使用列车无线调度通信设备（发车表示器）发车	车站值班员使用列车无线调度通信设备发车时，应确认发车条件具备（或得到报告）。 动车组列车无此项作业
四、列车出发	6. 监视列车	（7）列车起动后，及时通知接车站：“×（次）、（×点）×（分）开”，并听取复诵	—	—
		（8）填记或确认电子行车日志	—	不能使用电子行车日志时，填写纸质行车日志
		（9）通过信号操作终端确认列车整列出站	（5）监视列车，于列车尾部越过发车地点，确认列车尾部标志后返回	—
		—	（6）擦（划）掉占线板（簿）记载	—
	7. 报点	（10）计算机报点系统自动向列车调度员报点	—	不能自动报点时，向列车调度员报点：“×（站）报点，×（次）、（×点）×（分）开”

1.2.3 其他要求

（1）本任务适用于 200 km/h 以下铁路区段（仅运行动车组列车的铁路除外）双线自动闭塞集中联锁设备未设信号员的车站接发列车作业。

（2）开放信号时，执行“一看、二点击（按）、三确认、四呼唤”及“眼看、手指、口呼”制度。眼看，看准应操纵的按钮；手指，鼠标箭头或光电笔对准应确认的按钮（继电联锁时为中、食指并拢成“剑指”，指向应确认的按钮）；口呼，规定用语，吐字清晰。

（3）一端有两个及其以上列车运行方向，车站值班员准备进路、确认信号时，应以线名或邻站名区别方向（“线”或“站”字可省略。分主次方向时，可只在次要方向增加线名或邻站名区分）；有两个及其以上车场或经路时，车站值班员办理预告、准备进路、确认信号，应区分车场或经路的用语。具体办法由企业规定。

（4）列车区间运行时分小于规定的开放进站信号时分时，办理信号时机由企业规定。

（5）接发列车时，应按规定执行车机联控。

（6）未设助理值班员的车站及助理值班员不参与发车的列车，由车站值班员按规定确认发车条件具备（或得到报告）后发车（动车组列车除外），本标准中其他涉及助理值班员的有关作业省略。确认发车条件的具体办法由企业规定。

（7）助理值班员能通过 TDCS 等方式掌握车次、股道时，可不填写占线板（簿）。

（8）信号操作终端上使用的行车表示牌（帽、卡）及揭挂办法，由企业规定。信号操作终端包括计算机联锁操作终端、继电联锁及非集中联锁控制台。

（9）与本站（场）区有关作业人员间的联系、通知，可采用信息系统或设备通知，通知人员应及时确认被通知人员的签收回执，具体通知办法由企业规定。

（10）使用自动通过按钮的办法，由企业制定。

需要时可沿此线裁成活页

任务1.3 单（双）线半自动闭塞集中联锁（设信号员）

1.3.1 接发列车作业程序图

1. 接车（含通过）作业程序图

接车（含通过）作业程序应符合图1-3-1的规定。

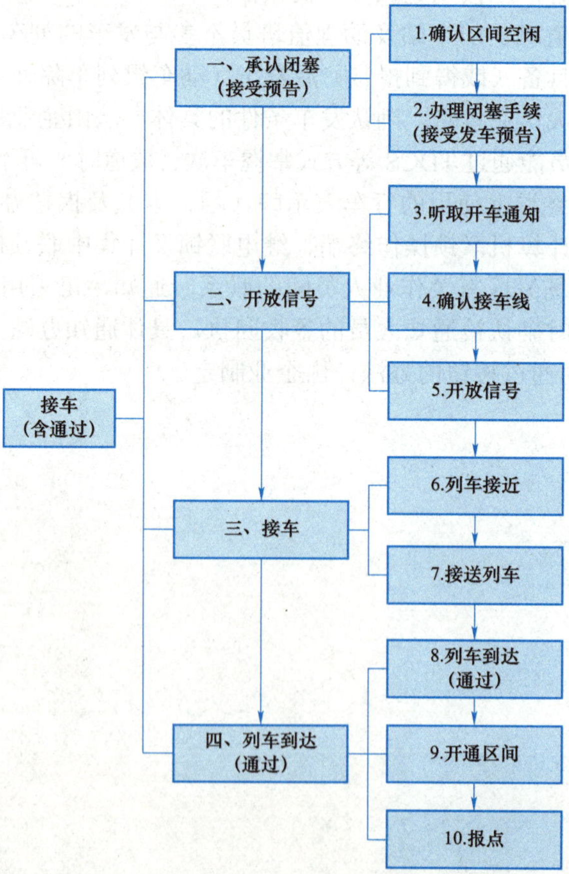

图1-3-1 接车（含通过）作业程序图

2. 发车作业程序图

发车作业程序应符合图1-3-2的规定。

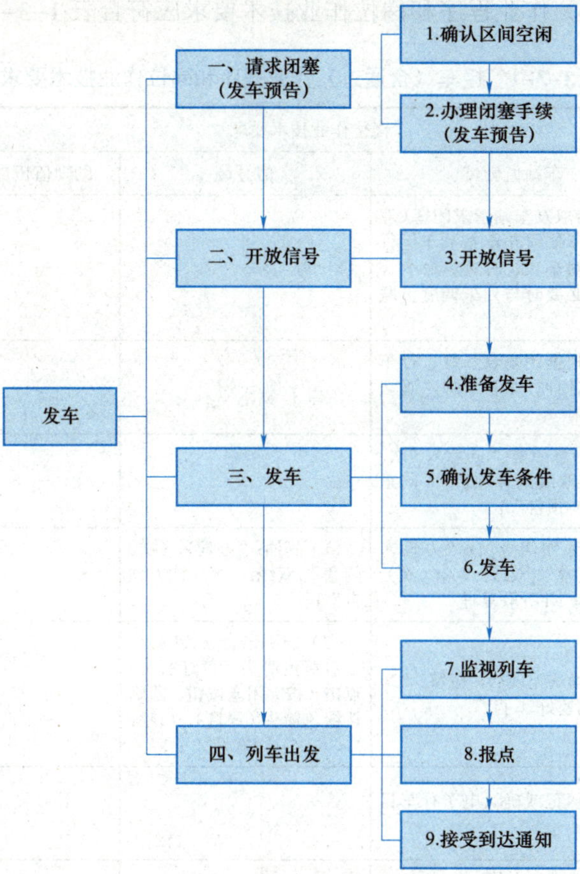

图1-3-2　发车作业程序图

需要时可沿此线裁成活页

1.3.2 接发列车作业程序及技术要求

1. 接车（含通过）作业

接车（含通过）作业程序和岗位作业技术要求应符合表 1–3–1 的规定。

表 1–3–1 接车（含通过）作业程序和岗位作业技术要求表

<table>
<tr><th colspan="2">作业程序</th><th colspan="3">岗位作业技术要求</th><th rowspan="2">事项要求</th></tr>
<tr><th>程序</th><th>项目</th><th>车站值班员</th><th>信号员</th><th>助理值班员</th></tr>
<tr><td rowspan="8">一、承认闭塞（接受预告）</td><td rowspan="2">1. 确认区间空闲</td><td>（1）听取发车站请求闭塞（双线为发车站预告），按列车运行计划核对车次、时刻、命令、指示（必要时与列车调度员联系）</td><td>—</td><td>—</td><td>—</td></tr>
<tr><td>（2）根据闭塞表示灯、行车日志及各种行车表示牌，确认区间空闲</td><td>—</td><td>—</td><td>—</td></tr>
<tr><td rowspan="6">2. 办理闭塞手续（接受发车预告）</td><td>（3）同意闭塞：“同意×（次）闭塞”[双线同意预告：“同意×（次）预告”]</td><td>—</td><td>—</td><td>同意列车闭塞（预告）后，按企业规定通知有关人员</td></tr>
<tr><td>（4）通知信号员：“办理×（次）闭塞”[双线：“×（次）预告”]，并听取复诵</td><td>（1）复诵：“办理×（次）闭塞”[双线：“×（次）预告”]</td><td>—</td><td>—</td></tr>
<tr><td>（5）确认无误后，应答：“×（次）闭塞好（了）”</td><td>（2）一听语音（铃响）、二看黄色箭头（黄灯）、三点击（按）闭塞按钮、四确认绿色箭头（绿灯），口呼：“×（次）闭塞好（了）”</td><td>—</td><td>双线无此项作业</td></tr>
<tr><td>（6）填记或确认电子行车日志</td><td>—</td><td>—</td><td>不能使用电子行车日志时，填写纸质行车日志</td></tr>
<tr><td>（7）确定接车线</td><td>—</td><td>—</td><td>—</td></tr>
<tr><td>（8）通知信号员、助理值班员：“×（次）、×道停车[通过][到开]”，并听取复诵</td><td>（3）复诵：“×（次）、×道停车[通过][到开]”，并填写占线板（簿）</td><td>（1）复诵：“×（次）、×道停车[通过][到开]”，并填写占线板（簿）</td><td>助理值班员在室外作业期间接到的通知，返回后，除按规定应擦（划）掉的外，应补填占线板（簿）。必要时与车站值班员联系</td></tr>
<tr><td rowspan="4">二、开放信号</td><td rowspan="4">3. 听取开车通知</td><td>（9）复诵发车站开车通知：“×（次）、（×点）×（分）开[通过]”</td><td>—</td><td>—</td><td>—</td></tr>
<tr><td>（10）填记或确认电子行车日志中的发车站发车时间和本站接车线</td><td>—</td><td>—</td><td>不能使用电子行车日志时，填写纸质行车日志</td></tr>
<tr><td>（11）通知信号员及助理值班员“×（次）开过来（了）”，并听取复诵</td><td>（4）复诵：“×（次）开过来（了）”</td><td>（2）复诵：“×（次）开过来（了）”</td><td>—</td></tr>
<tr><td>（12）按企业规定通知有关人员</td><td>—</td><td>—</td><td>—</td></tr>
</table>

续表

作业程序		岗位作业技术要求			事项要求
程序	项目	车站值班员	信号员	助理值班员	
	4. 确认 接车 线	（13）确认接车线路空闲	—	—	—
		（14）通知信号员停止影响进路的调车作业并听取报告	（5）停止影响进路的调车作业。确认停止后报告	—	停止调车作业时机和通知、应答、报告用语，由企业规定。无影响进路的调车作业时，此项作业省略
二、 开放 信号	5. 开放 信号	（15）确认列车运行计划后，通知信号员：“×（次）、×道停车[通过]，开放信号”。听取复诵无误后，命令：“执行”	（6）复诵：“×（次）、×道停车[通过]，开放信号”	—	列车通过时，应办理有关发车作业程序。 车站值班员认为需指定延续进路或办理变通进路时，一并通知
		（16）确认信号正确，应答：“×道进站信号好（了）”[通过时，应答：“×道进、出站信号好（了）”]	（7）开放进站信号，口呼：“进站”，点击（按下）始端按钮；需办理变通进路时，口呼：“变通××”，点击（按下）相应变通按钮；口呼“×道”（正线通过时，口呼：“出站”），点击（按下）终端按钮；设有延续进路时，口呼：“延续××”，点击（按下）延续进路相应按钮。确认光带（表示灯）、信号显示正确，口呼：“信号好（了）”	—	“变通××”中的“××”为按钮名称。 “延续××”中的“××”为延续的按钮或线路名称
三、 接车	6. 列车 接近	—	（8）通过信号操作终端监视信号及进路表示	—	—
		（17）再次确认信号正确，应答：“×（次）接近”	（9）接近语音提示（接近铃响）、光带（表示灯）变红，再次确认信号开放正确，口呼：“×（次）接近”	—	—
		（18）通知助理值班员：“×（次）接近，×道接车”，并听取复诵	—	（3）复诵：“×（次）接近，×道接车”	特快旅客列车、特快货物班列的通知接车时机，由企业规定
	7. 接送 列车	—	—	（4）到企业规定地点接车	—
四、 列车 到达 （通过）	8. 列车 到达 （通过）	—	（10）通过信号操作终端监视进路、信号及列车进（出）站	（5）监视列车进站，于列车停妥后（货物列车未装列尾装置或列尾装置故障时，确认列车整列到达后）返回。通过列车，于列车尾部越过接车地点，确认列车尾部标志后返回	—

续表

作业程序		岗位作业技术要求			事项要求
程序	项目	车站值班员	信号员	助理值班员	
四、列车到达（通过）	8. 列车到达（通过）	（19）应答“好（了）”	（11）通过信号操作终端确认列车整列进入（通过）接车线，口呼：“×（次）到达[通过]”	—	—
		（20）对通过列车通知接车站：“×（次）、（×点）×（分）通过”，并听取复诵	—	—	—
		（21）填记或确认电子行车日志	（12）对通过列车擦（划）掉占线板（簿）记载	（6）对通过列车擦（划）掉占线板（簿）记载	不能使用电子行车日志时，填写纸质行车日志
	9. 开通区间	（22）通知信号员：“开通×（站）区间”，并听取复诵	（13）复诵：“开通×（站）区间”	—	货物列车未装列尾装置或列尾装置故障时，确认列车整列到达后，方可办理区间开通手续
		（23）确认无误后，应答：“好（了）”	（14）一看闭塞表示灯、二点击或按（拉）闭塞（复原）按钮、三确认灯光熄灭，口呼：“×（站）区间开通”	—	—
	10. 报点	（24）通知发车站：“×（次）、（×点）×（分）到”，并听取复诵	—	—	—
		（25）计算机报点系统自动向列车调度员报点	—	—	不能自动报点时，向列车调度员报点：“×（站）报点，×（次）、（×点）×（分）到[通过]”

2. 发车作业

发车作业程序和岗位作业技术要求应符合表 1–3–2 的规定。

表 1–3–2　发车作业程序和岗位作业技术要求表

作业程序		岗位作业技术要求			事项要求
程序	项目	车站值班员	信号员	助理值班员	
一、请求闭塞（发车预告）	1. 确认区间空闲	（1）确认列车运行计划；根据闭塞表示灯、行车日志及各种行车表示牌，确认区间空闲	—	—	—
	2. 办理闭塞手续（发车预告）	（2）请求闭塞："×（次）闭塞"[双线："×（次）预告"]，并听取同意的通知	—	—	—
		（3）通知信号员："办理×（次）闭塞"，并听取复诵	（1）复诵："办理×（次）闭塞"	—	双线无此项作业
		（4）确认无误后，应答："×（次）闭塞好（了）"	（2）一点击（按）闭塞按钮、二听语音（铃响）、三看黄色箭头（黄灯）变绿，口呼："×（次）闭塞好（了）"	—	
		（5）填记或确认电子行车日志	—	—	不能使用电子行车日志时，填写纸质行车日志
二、开放信号	3. 开放信号	（6）通知信号员停止影响进路的调车作业并听取报告	（3）停止影响进路的调车作业。确认停止后报告	—	停止调车作业时机和通知、应答、报告用语，由企业规定。无影响进路的调车作业时，此项作业省略
		（7）确认列车运行计划后，通知信号员："×（次）、×道发车，开放信号"。听取复诵无误后，命令："执行"	（4）复诵："×（次）、×道发车，开放信号"	—	车站值班员认为需办理变通进路时，一并通知
		（8）确认信号正确，应答："×道出站信号好（了）"	（5）开放出站信号，口呼："×道"，点击（按下）始端按钮；需办理变通进路时，口呼："变通××"，点击（按下）相应变通按钮；口呼："出站"，点击（按下）终端按钮。确认光带（表示灯）、信号显示正确，口呼："信号好（了）"	—	"变通××"中的"××"为按钮名称
三发车	4. 准备发车	（9）通知助理值班员："发×道×（次）"，并听取复诵	—	（1）复诵："发×道×（次）"	助理值班员在室外作业时，可提前告知发车计划。 使用列车无线调度通信设备通知时，应在用语前增加姓名或代号。 动车组列车无此项作业

续表

<table>
<tr><th colspan="2">作业程序</th><th colspan="3">岗位作业技术要求</th><th rowspan="2">事项要求</th></tr>
<tr><th>程序</th><th>项目</th><th>车站值班员</th><th>信号员</th><th>助理值班员</th></tr>
<tr><td rowspan="2">三、发车</td><td>5.确认发车条件</td><td>—</td><td>(6)通过信号操作终端监视信号及进路表示</td><td>(2)确认旅客上下、行包装卸和列检作业等完了(或得到通知)</td><td>动车组列车无此项作业</td></tr>
<tr><td>6.发车</td><td>—</td><td>—</td><td>(3)按规定站在适当地点，显示发车信号或使用列车无线调度通信设备(发车表示器)发车</td><td>由车站值班员使用列车无线调度通信设备发车时，应确认发车条件具备(或得到报告)。
动车组列车无此项作业</td></tr>
<tr><td rowspan="7">四、列车出发</td><td rowspan="4">7.监视列车</td><td>(10)列车起动后，及时通知接车站:“×(次)、(×点)×(分)开”，并听取复诵</td><td>—</td><td>—</td><td>—</td></tr>
<tr><td>(11)填记或确认电子行车日志</td><td>—</td><td>—</td><td>不能使用电子行车日志时，填写纸质行车日志</td></tr>
<tr><td>(12)应答:“好(了)”</td><td>(7)通过信号操作终端确认列车整列出站，口呼:“×(次)出站”</td><td>(4)监视列车，于列车尾部越过发车地点，确认列车尾部标志后返回</td><td>—</td></tr>
<tr><td>—</td><td>(8)擦(划)掉占线板(簿)记载</td><td>(5)擦(划)掉占线板(簿)记载</td><td>—</td></tr>
<tr><td>8.报点</td><td>(13)计算机报点系统自动向列车调度员报点</td><td>—</td><td>—</td><td>不能自动报点时，向列车调度员报点:“×(站)报点，×(次)、(×点)×(分)开”</td></tr>
<tr><td rowspan="2">9.接受到达通知</td><td>(14)复诵接车站列车到达通知</td><td>(9)确认闭塞表示灯熄灭</td><td>—</td><td>—</td></tr>
<tr><td>(15)填记或确认电子行车日志</td><td>—</td><td>—</td><td>不能使用电子行车日志时，填写纸质行车日志</td></tr>
</table>

1.3.3 其他要求

（1）本任务适用于 200 km/h 以下铁路区段（仅运行动车组列车的铁路除外）单（双）线半自动闭塞集中联锁设备设信号员的车站接发列车作业。

（2）开放信号时，执行“一看、二点击（按）、三确认、四呼唤”及“眼看、手指、口呼”制度。眼看，看准应操纵的按钮；手指，鼠标箭头或光电笔对准应确认的按钮（继电联锁时为中、食指并拢成“剑指”，指向应确认的按钮）；口呼，规定用语，吐字清晰。

（3）一端有两个及其以上列车运行方向，车站值班员布置进路、确认信号时，应以线名或邻站名区别方向（“线”或“站”字可省略。分主次方向时，可只在次要方向增加线名或邻站名区分）；有两个及其以上车场或经路时，车站值班员办理闭塞（预告）、布置进路、确认信号，应区分车场或经路。具体办法由企业规定。

（4）列车区间运行时分小于规定的开放进站信号时分时，办理信号时机由企业规定。

（5）接发列车时，应按规定执行车机联控。

（6）未设助理值班员的车站及助理值班员不参与发车的列车，由车站值班员按规定确认发车条件具备（或得到报告）后发车（动车组列车除外），对货物列车未装列尾装置或列尾装置故障时，应亲自或指派胜任人员确认列车尾部标志，本标准中其他涉及助理值班员的有关作业省略。确认发车条件的具体办法由企业规定。

（7）信号员、助理值班员能通过 TDCS 等方式掌握车次、股道时，可不填写占线板（簿）。

（8）信号操作终端上使用的行车表示牌（帽、卡）及揭挂办法，由企业规定。信号操作终端包括计算机联锁操作终端、继电联锁及非集中联锁控制台。

（9）与本站（场）区有关作业人员间的联系、通知，可采用信息系统或设备通知（车站值班员布置进路及听取进路准备妥当的报告时除外），通知人员应及时确认被通知人员的签收回执，具体通知办法由企业规定。

需要时可沿此线裁成活页

任务 1.4 单（双）线半自动闭塞集中联锁（未设信号员）

1.4.1 接发列车作业程序图

1. 接车（含通过）作业程序图

接车（含通过）作业程序应符合图 1-4-1 的规定。

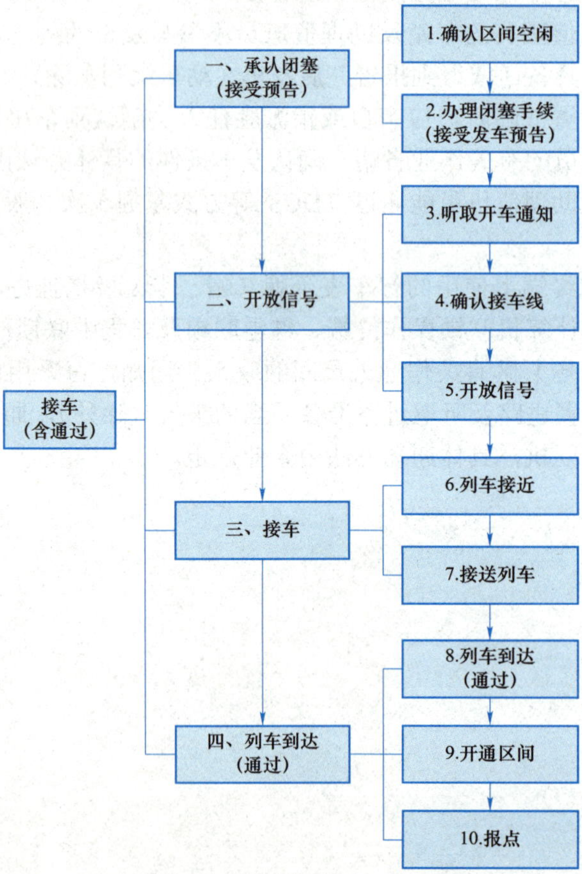

图 1-4-1 接车（含通过）作业程序图

2. 发车作业程序图

发车作业程序应符合图 1-4-2 的规定。

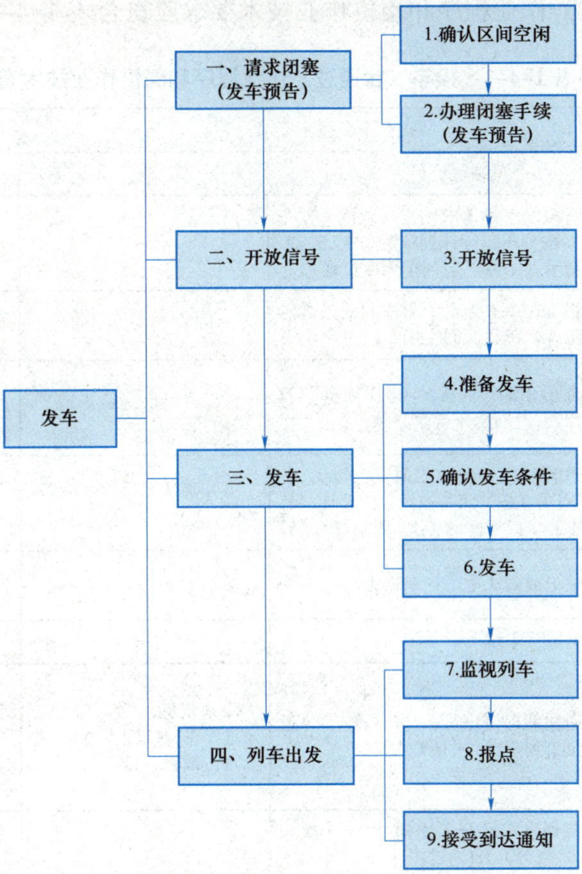

图 1-4-2　发车作业程序图

1.4.2 接发列车作业程序及技术要求

1. 接车（含通过）作业

接车（含通过）作业程序和岗位作业技术要求应符合表 1–4–1 的规定。

表 1–4–1 接车（含通过）作业程序和岗位作业技术表

作业程序		岗位作业技术要求		事项要求
程序	项目	车站值班员	助理值班员	
一、承认闭塞（接受预告）	1. 确认区间空闲	（1）听取发车站请求闭塞（双线为发车站预告），按列车运行计划核对车次、时刻、命令、指示（必要时与列车调度员联系）	—	—
		（2）根据闭塞表示灯、行车日志及各种行车表示牌，确认区间空闲	—	—
	2. 办理闭塞手续（接受发车预告）	（3）同意闭塞："同意×（次）闭塞"[双线同意预告："同意×（次）预告"]	—	同意列车闭塞（预告）后，按企业规定通知有关人员
		（4）一听语音（铃响）、二看黄色箭头（黄灯）、三点击（按）闭塞按钮、四确认绿色箭头（绿灯），口呼："×（次）闭塞好（了）"	（1）确认无误后，应答："×（次）闭塞好（了）"	双线无此项作业。 助理值班员在室外作业时，（1）项作业省略
		（5）填记或确认电子行车日志	—	不能使用电子行车日志时，填写纸质行车日志
		（6）确定接车线	—	—
		（7）通知助理值班员："×（次）、×道停车[通过][到开]"，并听取复诵	（2）复诵："×（次）、×道停车[通过][到开]"，并填写占线板（簿）	助理值班员在室外作业期间接到的通知，返回后，除按规定应擦（划）掉的外，须补填占线板（簿）。必要时与车站值班员联系
二、开放信号	3. 听取开车通知	（8）复诵发车站开车通知："×（次）、（×点）×（分）开[通过]"	—	—
		（9）填记或确认电子行车日志中的发车站发车时间和本站接车线	—	不能使用电子行车日志时，填写纸质行车日志
		（10）通知助理值班员："×（次）开过来（了）"，并听取复诵	（3）复诵："×（次）开过来（了）"	—
		（11）按企业规定通知有关人员	—	—
	4. 确认接车线	（12）确认接车线路空闲	—	—
		（13）停止影响进路的调车作业	—	停止调车作业时机，由企业规定。无影响进路的调车作业，此项作业省略
	5. 开放信号	（14）确认列车运行计划后，开放进站信号，口呼："进站"，点击（按下）始端按钮；需办理变通进路时，口呼："变通××"，点击（按下）相应变通按钮；口呼："×道"（正线通过时，口呼："出站"），点击（按下）终端按钮；设有延续进路时，口呼："延续××"，点击（按下）延续进路相应按钮。确认光带（表示灯）、信号显示正确，口呼："信号好（了）"	（4）通过信号操作终端确认信号正确，应答："×道进站信号好（了）"[通过时，应答："×道进、出站信号好（了）"]	列车通过时，应办理有关发车作业程序。 "变通××"中的"××"为按钮名称。 "延续××"中的"××"为延续的按钮或线路名称。 助理值班员在室外接发车时，（4）项作业省略

续表

作业程序		岗位作业技术要求		事项要求
程序	项目	车站值班员	助理值班员	
三、接车	6. 列车接近	（15）通过信号操作终端监视信号及进路表示	—	—
		（16）接近语音提示（接近铃响）、光带（表示灯）变红时，再次确认信号开放正确	—	—
		（17）通知助理值班员：“×（次）接近，×道接车”，并听取复诵	（5）通过信号操作终端再次确认信号正确，复诵：“×（次）接近，×道接车”	特快旅客列车、特快货物班列的通知接车时机，由企业规定
	7. 接送列车	—	（6）到企业规定地点接车	—
		（18）通过信号操作终端监视进路、信号及列车进（出）站	（7）监视列车进站，于列车停妥后（货物列车未装列尾装置或列尾装置故障时，确认列车整列到达后）返回。通过列车，于列车尾部越过接车地点，确认尾部标志后返回	—
		（19）通过信号操作终端确认列车整列进入（通过）接车线	—	—
四、列车到达（通过）	8. 列车到达（通过）	（20）对通过列车通知接车站：“×（次）、（×点）×（分）通过”，并听取复诵	—	—
		（21）填记或确认电子行车日志	（8）对通过列车擦（划）掉占线板（簿）记载	不能使用电子行车日志时，填写纸质行车日志
	9. 开通区间	（22）开通区间，一看闭塞表示灯、二点击或按（拉）闭塞（复原）按钮、三确认灯光熄灭	—	货物列车未装列尾装置或列尾装置故障时，确认列车整列到达后，方可办理区间开通手续
		（23）通知发车站：“×（次）、（×点）×（分）到”，并听取复诵	—	—
	10. 报点	（24）计算机报点系统自动向列车调度员报点	—	不能自动报点时，向列车调度员报点．“×（站）报点，×（次）、（×点）×（分）到[通过]”

需要时可沿此线裁成活页

2. 发车作业

发车作业程序和岗位作业技术要求应符合表 1–4–2 的规定。

表 1–4–2 发车作业程序和岗位作业技术要求表

作业程序		岗位作业技术要求		事项要求
程序	项目	车站值班员	助理值班员	
一、请求闭塞（发车预告）	1. 确认区间空闲	（1）确认列车运行计划；根据闭塞表示灯、行车日志及各种行车表示牌，确认区间空闲	—	—
	2. 办理闭塞手续（发车预告）	（2）请求闭塞："×（次）闭塞"[双线："×（次）预告"]，并听取同意的通知	—	—
		（3）一点击（按）闭塞按钮、二听语音（铃响）、三看黄色箭头（黄灯）变绿，口呼："×（次）闭塞好（了）"	（1）确认无误后，应答："×（次）闭塞好（了）"	双线无此项作业。 助理值班员在室外作业时，（1）项作业省略
		（4）填记或确认电子行车日志	—	不能使用电子行车日志时，填写纸质行车日志
二、开放信号	3. 开放信号	（5）停止影响进路的调车作业	—	停止调车作业时机，由企业规定。无影响进路的调车作业时，此项作业省略
		（6）确认列车运行计划后，开放出站信号，口呼："×道"，点击（按下）始端按钮；需办理变通进路时，口呼："变通××"，点击（按下）相应变通按钮；口呼："出站"，点击（按下）终端按钮。确认光带（表示灯）、信号显示正确，口呼："信号好（了）"	（2）通过信号操作终端确认信号正确，应答："×道出站信号好（了）"	"变通××"中的"××"为按钮名称。 助理值班员在室外作业时，（2）项作业省略
三、发车	4. 准备发车	（7）通知助理值班员："发×道×（次）"，并听取复诵	（3）复诵："发×道×（次）"	助理值班员在室外作业时，可提前告知发车计划。 使用列车无线调度通信设备通知时，应在用语前增加姓名或代号。 动车组列车无此项作业
	5. 确认发车条件	（8）通过信号操作终端监视信号及进路表示	—	—
		—	（4）确认旅客上下、行包装卸和列检作业等完了（或得到通知）	动车组列车无此项作业
	6. 发车	—	（5）按规定站在适当地点，显示发车信号或使用列车无线调度通信设备（发车表示器）发车	由车站值班员使用列车无线调度通信设备发车时，应确认发车条件具备（或得到报告）。 动车组列车无此项作业

续表

作业程序		岗位作业技术要求		事项要求
程序	项目	车站值班员	助理值班员	
四、列车出发	7. 监视列车	（9）列车起动后，及时通知接车站："×（次）、（×点）×（分）开"，并听取复诵	—	—
		（10）填记或确认电子行车日志	—	不能使用电子行车日志时，填写纸质行车日志
		（11）通过信号操作终端确认列车整列出站	（6）监视列车，于列车尾部越过发车地点，确认列车尾部标志后返回	—
		—	（7）擦（划）掉占线板（簿）记载	—
	8. 报点	（12）计算机报点系统自动向列车调度员报点	—	不能自动报点时，向列车调度员报点："×（站）报点，×（次）、（×点）×（分）开"
	9. 接受到达通知	（13）复诵接车站列车到达通知，并确认闭塞表示灯熄灭	—	—
		（14）填记或确认电子行车日志	—	不能使用行车日志时，填写纸质行车日志

需要时可沿此线裁成活页

1.4.3 其他要求

（1）本任务适用于 200 km/h 以下铁路区段（仅运行动车组列车的铁路除外）单（双）线半自动闭塞集中联锁设备未设信号员的车站接发列车作业。

（2）开放信号时，执行“一看、二点击（按）、三确认、四呼唤”及“眼看、手指、口呼”制度。眼看，看准应操纵的按钮；手指，鼠标箭头或光电笔对准应确认的按钮（继电联锁时为中、食指并拢成“剑指”，指向应确认的按钮）；口呼，规定用语，吐字清晰。

（3）一端有两个及其以上列车运行方向，车站值班员准备进路、确认信号时，应以线名或邻站名区别方向（“线”或“站”字可省略。分主次方向时，可只在次要方向增加线名或邻站名区分）；有两个及其以上车场或经路时，车站值班员办理闭塞（预告）、准备进路、确认信号，应区分车场或经路。具体办法由企业规定。

（4）列车区间运行时分小于规定的开放进站信号时分时，办理信号时机由企业规定。

（5）接发列车时，应按规定执行车机联控。

（6）未设助理值班员的车站及助理值班员不参与发车的列车，由车站值班员按规定确认发车条件具备（或得到报告）后发车（动车组列车除外），对货物列车未装列尾装置或列尾装置故障时，应亲自或指派胜任人员确认列车尾部标志，本标准中其他涉及助理值班员的有关作业省略。确认发车条件的具体办法由企业规定。

（7）助理值班员能通过 TDCS 等方式掌握车次、股道时，可不填写占线板（簿）。

（8）信号操作终端上使用的行车表示牌（帽、卡）及揭挂办法，由企业规定。信号操作终端包括计算机联锁操作终端、继电联锁及非集中联锁控制台。

（9）与本站（场）区有关作业人员间的联系、通知，可采用信息系统或设备通知，通知人员应及时确认被通知人员的签收回执，具体通知办法由企业规定。

任务1.5　单（双）线半自动闭塞色灯电锁器联锁

1.5.1　接发列车作业程序图

1. 接车（含通过）作业程序图

接车（含通过）作业程序应符合图1-5-1的规定。

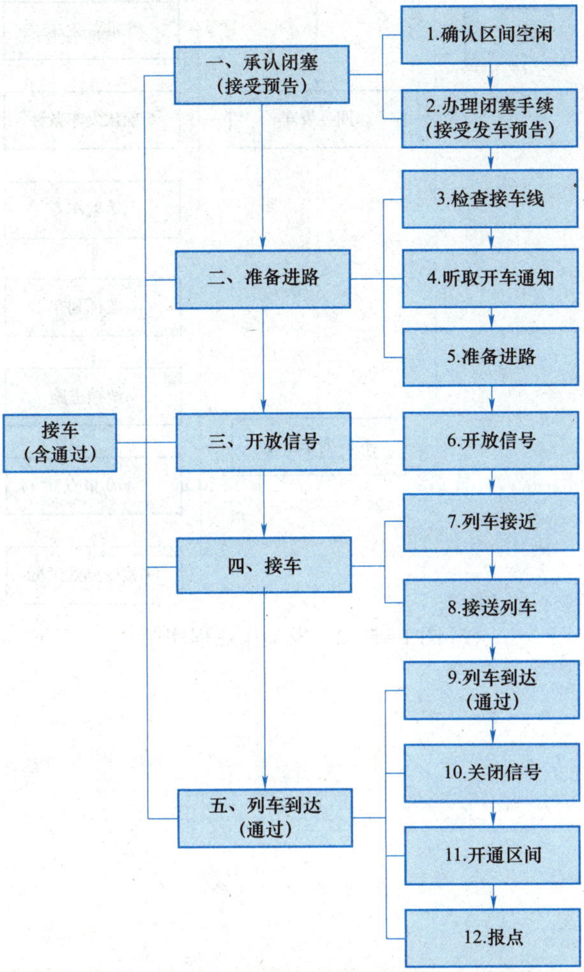

图1-5-1　接车（含通过）作业程序图

需要时可沿此线裁成活页

2. 发车作业程序图

发车作业程序应符合图 1–5–2 的规定。

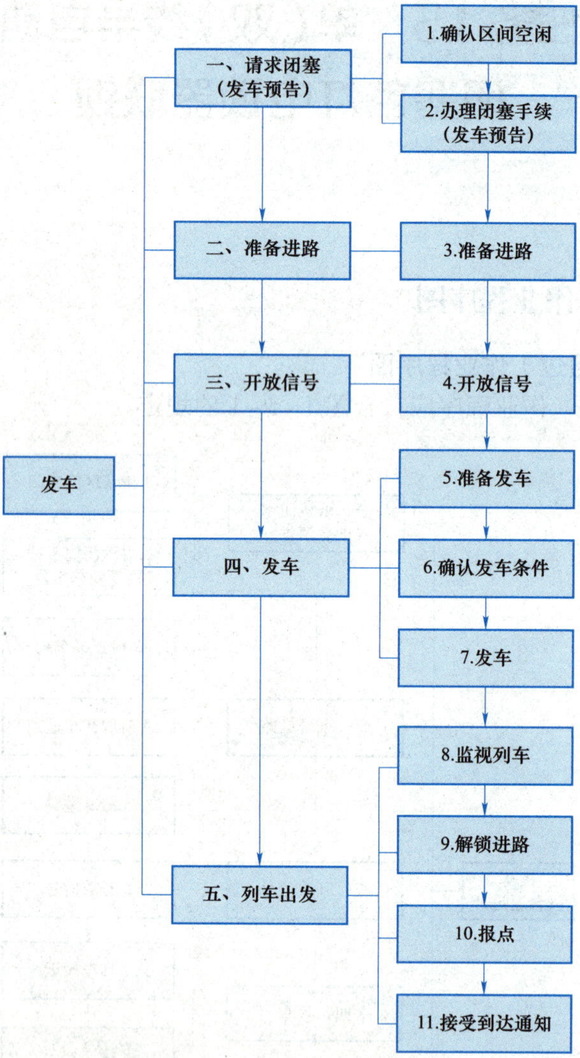

图 1–5–2　发车作业程序图

1.5.2　接发列车作业程序及技术要求

1. 接车（含通过）作业

接车（含通过）作业程序和岗位作业技术要求应符合表 1-5-1 的规定。

表 1-5-1　接车（含通过）作业程序和岗位作业技术要求表

作业程序		岗位作业技术要求			事项要求
程序	项目	车站值班员	助理值班员	扳道员	
一、承认闭塞（接受预告）	1. 确认区间空闲	（1）听取发车站请求闭塞（双线为发车站预告），按列车运行计划核对车次、时刻、命令、指示（必要时与列车调度员联系）	—	—	—
		（2）根据闭塞表示灯、行车日志及各种行车表示牌，确认区间空闲	—	—	—
	2. 办理闭塞手续（接受发车预告）	（3）同意闭塞：“同意×（次）闭塞”[双线同意预告：“同意×（次）预告”]	—	—	同意列车闭塞（预告）后，按企业规定通知有关人员
		（4）一听铃响、二看黄灯、三按闭塞按钮、四确认绿色灯光，口呼：“×（次）闭塞好（了）”	（1）确认无误后，应答：“×（次）闭塞好（了）”	—	双线无此项作业。 助理值班员在室外作业时，(1) 项作业省略
		（5）填写行车日志	—	—	使用计算机报点系统时，填记电子行车日志
		（6）确定接车线	—	—	—
二、准备进路	3. 检查接车线	（7）通知助理值班员、有关扳道员：“×号、×号，×（次）闭塞[预告]，检查×道”，并听取复诵	（2）复诵：“×（次）闭塞[预告]，检查×道”	（1）复诵：“×号、×（次）闭塞[预告]，检查×道”	能从设备上检查确认的，由车站值班员检查确认
		—	（3）现场检查	（2）现场检查	
		（8）应答：“×道空闲”	（4）向车站值班员报告：“×道空闲”，并填写占线板（簿）	（3）向车站值班员报告：“×号，×道空闲”，并填写占线板（簿）	—
	4. 听取开车通知	（9）复诵发车站开车通知：“×（次）、（×点）×（分）开[通过]”	—	—	—
		（10）填写行车日志	—	—	使用计算机报点系统时，填记电子行车日志
		（11）通知助理值班员：“×（次）开过来（了），×道停车[通过][到开]”，并听取复诵	（5）复诵：“×（次）开过来（了），×道停车[通过][到开]”	—	—
		（12）按企业规定通知有关人员	—	—	—

需要时可沿此线裁成活页

续表

作业程序		岗位作业技术要求			事项要求
程序	项目	车站值班员	助理值班员	扳道员	
二、准备进路	5. 准备进路	（13）通知扳道员停止影响进路的调车作业并听取报告	—	（4）停止影响进路的调车作业。确认停止后报告	停止调车作业时机和通知、应答、报告用语，由企业规定。无影响进路的调车作业时，此项作业省略
		（14）确认列车运行计划后，通知有关扳道员：“×号、×号，×（次）、×道停车[通过][到开]，准备进路”。听取复诵无误后，命令：“执行”	—	（5）进路上的扳道员复诵：“×号，×（次）、×道停车[通过][到开]，准备进路”。接停车列车时，接车线末端及有关扳道员回答：“×号，知道（了）”	扳道员的复诵顺序由企业规定。 车站值班员认为需指定延续进路或办理变通进路时，一并通知
		—	—	（6）正确及时地准备进路	—
		（15）听取扳道员报告，确认进路表示正确，应答：“好（了）”	—	（7）报告：“×号，×道接[发]车进路好（了）”	—
		（16）口呼：“×道接车[发车]”，操纵按钮（手柄），确认正确，口呼：“锁闭好（了）”	—	—	无锁闭按钮（手柄）的无此项作业
三、开放信号	6. 开放信号	（17）开放进站（出站）信号，口呼：“×道进站[出站]”，操纵按钮（手柄），确认信号显示正确，口呼：“信号好（了）”	（6）通过控制台确认信号显示正确，应答：“×道进站信号好（了）”[通过时，应答：“×道进、出站信号好（了）”]	—	列车通过时，应办理有关发车作业程序。 助理值班员在室外作业时，（6）项作业省略
四、接车	7. 列车接近	—	—	（8）监视列车接近	—
		—	—	（9）列车头部到达预告信号机（标），向车站值班员报告：“×号，×（次）接近”	因地形限制，扳道员不能报告列车接近时，由企业规定。 控制台具备列车接近表示功能时，此项作业省略
		（18）听取扳道员列车接近报告或通过控制台确认列车接近后，再次确认信号显示正确，通知助理值班员及有关扳道员：“×号、×号，×（次）接近，×道接车”，并听取复诵	（7）再次确认信号显示正确，复诵：“×（次）接近，×道接车”	（10）进路上的扳道员复诵：“×号，×（次）接近，×道接车。”接停车列车时，接车线末端及有关扳道员回答：“×号，知道（了）”	特快旅客列车、特快货物班列的通知接车时机，由企业规定

续表

作业程序		岗位作业技术要求			事项要求
程序	项目	车站值班员	助理值班员	扳道员	
四、接车	8. 接送列车	（19）通过控制台监视信号显示	（8）再次确认接车线路空闲，到企业规定地点接车	（11）再次确认接车线路空闲后，到企业规定地点接车	—
		—	（9）监视列车进站，于列车停妥后返回。通过列车，于列车尾部越过接车地点，确认列车尾部标志后返回	（12）监视列车进（出）站，确认列车尾部标志；停车列车，内方扳道员需确认列车尾部过标后返回	—
五、列车到达（通过）	9. 列车到达（通过）	（20）听取列车到达（出站）报告，应答："好（了）"	—	（13）报告："×号，×（次）到达"。通过列车发车端扳道员报告："×号，×（次）出站"	—
		（21）对通过列车通知接车站："×（次）、（×点）×（分）通过"，并听取复诵	—	—	—
		（22）填写行车日志	（10）对通过列车擦（划）掉占线板（簿）记载	（14）对通过列车擦（划）掉占线板（簿）记载	使用计算机报点系统时，填记电子行车日志
	10. 关闭信号	（23）关闭进站信号，口呼："×道进站"，操纵按钮（手柄），确认信号关闭，口呼："关闭好（了）"	—	—	进站信号机具备自动关闭功能的，此项作业省略
		（24）解锁接（发）车进路，口呼，"×道"，操纵按钮（手柄），确认正确，口呼："解锁好（了）"，并通知有关扳道员按规定将道岔恢复定位	—	（15）按规定将道岔恢复定位	无锁闭按钮（手柄）的无（24）项作业
	11. 开通区间	（25）一看闭塞表示灯、二按（拉）闭塞（复原）按钮，三确认灯光熄灭，口呼："区间开通"	—	—	—
		（26）通知发车站："×（次）、（×点）×（分）到"，并听取复诵	—	—	—
	12. 报点	（27）向列车调度员报点："×（站）报点，×（次）、（×点）×（分）到[通过]"	—	—	使用计算机报点系统时，通过系统报点

2. 发车作业

发车作业程序和岗位作业技术要求应符合表 1–5–2 的规定。

表 1–5–2　发车作业程序和岗位作业技术要求表

作业程序		岗位作业技术要求			事项要求
程序	项目	车站值班员	助理值班员	扳道员	
一、请求闭塞（发车预告）	1. 确认区间空闲	（1）确认列车运行计划；根据闭塞表示灯、行车日志及各种行车表示牌，确认区间空闲	—	—	—
	2. 办理闭塞手续（发车预告）	（2）请求闭塞：“×（次）闭塞”[双线：“×（次）预告”]，并听取同意的通知	—	—	—
		（3）一按闭塞按钮、二听铃响、三看黄灯变绿，口呼：“×（次）闭塞好（了）”	（1）确认无误后，应答：“×（次）闭塞好（了）”	—	双线无此项作业。 助理值班员在室外作业时，（1）项作业省略
		（4）填写行车日志	—	—	使用计算机报点系统时，填记电子行车日志
二、准备进路	3. 准备进路	（5）通知扳道员停止影响进路的调车作业并听取报告	—	（1）停止影响进路的调车作业。确认停止后报告	停止调车作业时机和通知、应答、报告用语，由企业规定。无影响列车进路的调车作业时，此项作业省略
		（6）确认列车运行计划后，通知有关扳道员：“×号、×号，×（次）、×道发车，准备进路”。听取复诵无误后，命令：“执行”	—	（2）进路上的扳道员复诵：“×号，×（次）、×道发车，准备进路”。有关扳道员回答：“×号，知道（了）”	车站值班员认为需办理变通进路时，一并通知
		—	—	（3）正确及时地准备进路	—
		（7）听取扳道员的报告，确认进路表示正确，应答：“好（了）”	—	（4）报告：“×号，×道发车进路好（了）”	—
		（8）锁闭发车进路，口呼：“×道发车”，操纵按钮（手柄），确认正确，口呼：“锁闭好（了）”	—	—	无锁闭按钮（手柄）的无此项作业
三、开放信号	4. 开放信号	（9）开放出站信号，口呼：“×道出站”，操纵按钮（手柄），确认信号显示正确，口呼：“信号好（了）”	（2）通过控制台确认信号显示正确后，应答：“×道出站信号好（了）”	—	助理值班员在室外接发车时，（2）项作业省略
四、发车	5. 准备发车	（10）通知助理值班员：“发×道×（次）”，并听取复诵	（3）复诵：“发×道×（次）”	—	助理值班员在室外接发车时，可提前告知发车计划 使用列车无线调度通信设备通知时，应在用语前增加姓名或代号

续表

作业程序		岗位作业技术要求			事项要求
程序	项目	车站值班员	助理值班员	扳道员	
四、发车	6. 确认发车条件	—	（4）确认旅客上下、行包装卸和列检作业等完了（或得到通知）	—	—
	7. 发车	—	（5）按规定站在适当地点，显示发车信号或使用列车无线调度通信设备（发车表示器）发车	—	—
五、列车出发	8. 监视列车	（11）列车起动后，及时通知接车站：“×（次）、（×点）×（分）开”，并听取复诵	（6）监视列车，于列车尾部越过发车地点，确认列车尾部标志后返回	（5）监视列车，确认列车尾部标志，外方扳道员于列车尾部越过最外方道岔后返回	—
		（12）填写行车日志	—	—	使用计算机报点系统时，填记电子行车日志
		（13）应答：“好（了）”	—	（6）外方扳道员向车站值班员报告：“×号，×（次）出站”	—
	9. 解锁进路	—	（7）擦（划）掉占线板（簿）记载	（7）擦（划）掉占线板（簿）记载	—
		（14）确认闭塞表示灯变红、信号定位，口呼：“×道”，操纵按钮（手柄），确认正确，口呼：“解锁好（了）”，并通知有关扳道员按规定将道岔恢复定位	—	（8）按规定将道岔恢复定位	无锁闭按钮（手柄）的无（14）项作业
	10. 报点	（15）向列车调度员报点：“×（站）报点，×（次）、（×点）×（分）开”	—	—	使用计算机报点系统时，通过系统报点
	11. 接受到达通知	（16）复诵接车站列车到达通知，并确认闭塞表示灯熄灭	—	—	—
		（17）填写行车日志	—	—	使用计算机报点系统时，填记电子行车日志

需要时可沿此线裁成活页

1.5.3 其他要求

（1）本任务适用于 200 km/h 以下铁路区段（仅运行动车组列车的铁路除外）单（双）线半自动闭塞色灯电锁器联锁设备的车站接发列车作业。

（2）准备、解锁列车进路及开闭信号时，执行“一看、二扳（按）、三确认、四显示（呼唤）”及“眼看、手指、口呼”制度。眼看，看准应确认的设备；手指，中、食指并拢成“剑指”，指向应确认的设备；持旗时为右手拢起的信号旗前指，持灯时为“剑指”；口呼，规定用语，吐字清晰。准备进路时，先确认道岔开通位置，再扳向所需位置，确认闭止块落槽（道岔表示器正确）后，手指进路，确认正确，口呼：“×道开通”。

（3）一端有两个及其以上列车运行方向，车站值班员布置进路、确认信号时，应以线名或邻站名区别方向（“线”或“站”字可省略。分主次方向时，可只在次要方向增加线名或邻站名区分）；有两个及其以上车场或经路时，车站值班员办理闭塞（预告）、布置进路、确认信号，应区分车场或经路。具体办法由企业规定。

（4）列车区间运行时分小于规定准备进路与开放进站信号时间之和时，办理信号时机由企业规定。

（5）接发列车时，应按规定执行车机联控。

（6）未设助理值班员的车站，由助理值班员负责的现场检查和发车作业由车站值班员或指派的胜任人员负责，本标准中其他涉及助理值班员的有关作业省略。具体办法由企业规定。

（7）按钮、手柄、握柄上使用的行车表示牌（帽、卡）及使用办法，由企业规定。

（8）遇不能办理相对方向同时接车和同方向同时发接列车时，车站值班员可在进（出）站信号开放后，预先下达准备次一列车进路的命令，待扳道员复诵无误后，命令：“×（次）到[开、通过]后执行”。

（9）检查线路空闲的具体办法，由企业规定。

任务 1.6　自动站间闭塞集中联锁（设信号员）

1.6.1　接发列车作业程序图

1. 接车（含通过）作业程序图

接车（含通过）作业程序应符合图 1-6-1 的规定。

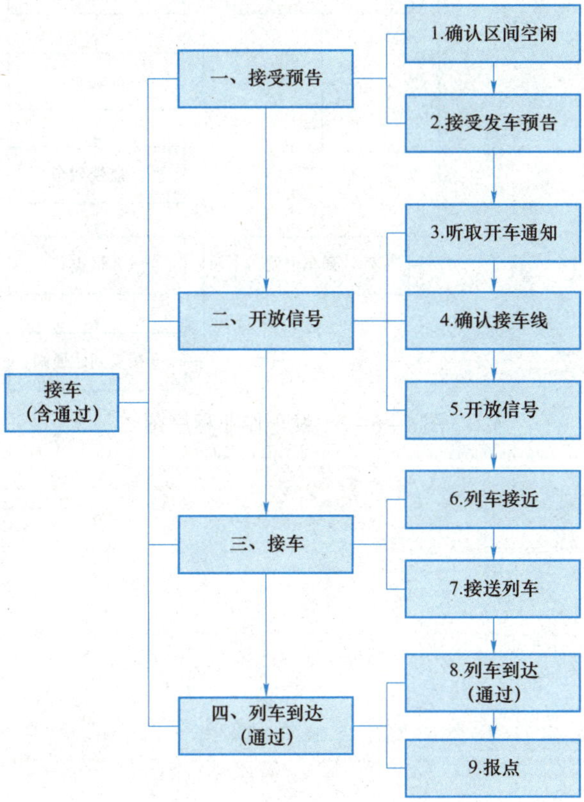

图 1-6-1　接车（含通过）作业程序图

2. 发车作业程序图

发车作业程序应符合图 1-6-2 的规定。

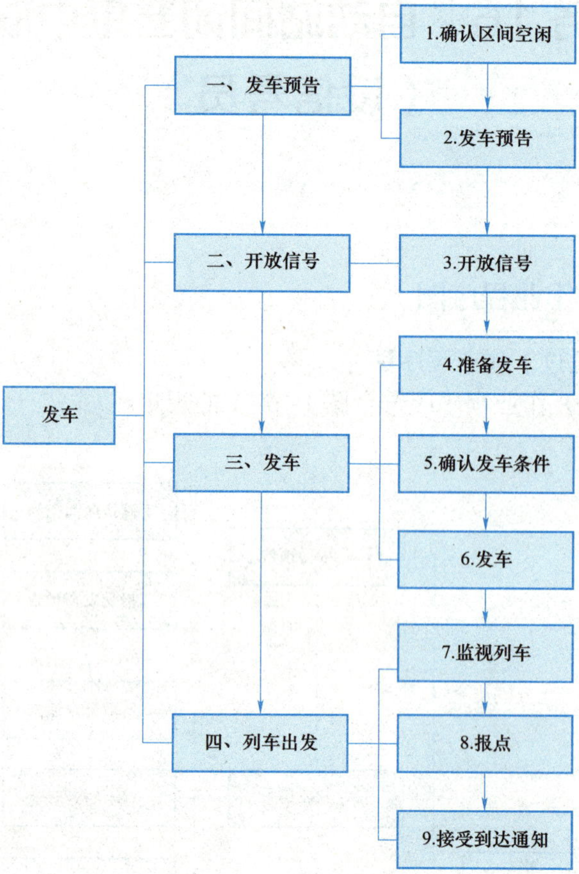

图 1-6-2　发车作业程序图

1.6.2　接发列车作业程序及技术要求

1. 接车（含通过）作业

接车（含通过）作业程序和岗位作业技术要求应符合表 1–6–1 的规定。

表 1–6–1　接车（含通过）作业程序和岗位作业技术要求表

作业程序		岗位作业技术要求			事项要求
程序	项目	车站值班员	信号员	助理值班员	
一、接受预告	1. 确认区间空闲	（1）听取发车站预告，按列车运行计划核对车次、时刻、命令、指示（必要时与列车调度员联系）	—	—	—
		（2）根据表示灯、行车日志及各种行车表示牌，确认区间空闲	—	—	使用计轴设备的，并应通过计轴设备确认区间空闲
	2. 接受发车预告	（3）同意发车站预告："同意×（次）预告"	—	—	同意列车预告后，按企业规定通知有关人员
		（4）填记或确认电子行车日志	—	—	不能使用电子行车日志时，填写纸质行车日志
		（5）确定接车线	—	—	—
		（6）通知信号员、助理值班员："×（次）预告、×道停车[通过][到开]"，并听取复诵	（1）复诵："×（次）预告、×道停车[通过][到开]"，并填写占线板（簿）	（1）复诵："×（次）预告、×道停车[通过][到开]"，并填写占线板（簿）	助理值班员在室外作业期间接到的通知，返回后，除按规定应擦（划）掉的外，应补填占线板（簿）。必要时与车站值班员联系
二、开放信号	3. 听取开车通知	（7）复诵发车站开车通知："×（次）、（×点）×（分）开[通过]"	—	—	—
		（8）填记或确认电子行车日志中的发车站发车时间和本站接车线	—	—	不能使用电子行车日志时，填写纸质行车日志
		（9）通知信号员及助理值班员："×（次）开过来（了）"，并听取复诵	（2）复诵："×（次）开过来（了）"	（2）复诵："×（次）开过来（了）"	—
		（10）按企业规定通知有关人员	—	—	—
	4. 确认接车线	（11）确认接车线路空闲	—	—	—
		（12）通知信号员停止影响进路的调车作业并听取报告	（3）停止影响进路的调车作业。确认停止后报告	—	停止调车作业时机和通知、应答、报告用语，由企业规定。无影响进路的调车作业时，此项作业省略
	5. 开放信号	（13）确认列车运行计划后，通知信号员："×（次）、×道停车[通过]，开放信号"。听取复诵无误后，命令："执行"	（4）复诵："×（次）、×道停车[通过]，开放信号"	—	列车通过时，应办理有关发车作业程序。车站值班员认为需指定延续进路或办理变通进路时，一并通知

续表

作业程序		岗位作业技术要求			事项要求
程序	项目	车站值班员	信号员	助理值班员	
二、开放信号	5. 开放信号	（14）确认信号正确，应答："×道进站信号好（了）"[通过时，应答："×道进、出站信号好（了）"]	（5）开放进站信号，口呼："进站"，点击（按下）始端按钮；需办理变通进路时，口呼："变通××"，点击（按下）相应变通按钮；口呼"×道"（正线通过时，口呼："出站"），点击（按下）终端按钮；设有延续进路时，口呼："延续××"，点击（按下）延续进路相应按钮。确认光带、信号显示正确，口呼："信号好（了）"	—	"变通××"中的"××"为按钮名称。 "延续××"中的"××"为延续的按钮或线路名称
三、接车	6. 列车接近	—	（6）通过信号操作终端监视信号及进路表示	—	—
		（15）再次确认信号正确，应答："×（次）接近"	（7）接近语音提示（接近铃响）、光带变红，再次确认信号开放正确，口呼："×（次）接近"	—	—
		（16）通知助理值班员："×（次）接近，×道接车"，并听取复诵	—	（3）复诵："×（次）接近，×道接车"	特快旅客列车、特快货物班列的通知接车时机，由企业规定
	7. 接送列车	—	—	（4）到企业规定地点接车	—
四、列车到达（通过）	8. 列车到达（通过）	—	（8）通过信号操作终端监视进路、信号及列车进（出）站	（5）监视列车进站，于列车停妥后返回。通过列车，于列车尾部越过接车地点，确认列车尾部标志后返回	—
		（17）应答："好（了）"	（9）通过信号操作终端确认列车整列进入（通过）接车线、区间空闲。口呼："×（次）到达[通过]，×（站）区间空闲"	—	使用计轴设备的，并应通过计轴设备确认区间空闲
		（18）对通过列车通知接车站："×（次）、（×点）×（分）通过"，并听取复诵	—	—	—
		（19）填记或确认电子行车日志	（10）对通过列车擦（划）掉占线板（簿）记载	（6）对通过列车擦（划）掉占线板（簿）记载	不能使用电子行车日志时，填写纸质行车日志
	9. 报点	（20）通知发车站："×（次）、（×点）×（分）到"，并听取复诵	—	—	—
		（21）计算机报点系统自动向列车调度员报点	—	—	不能自动报点时，向列车调度员报点："×（站）报点，×（次）、（×点）×（分）到[通过]"

2. 发车作业

发车作业程序和岗位作业技术要求应符合表 1–6–2 的规定。

表 1–6–2　发车作业程序和岗位作业技术要求表

作业程序		岗位作业技术要求			事项要求
程序	项目	车站值班员	信号员	助理值班员	
一、发车预告	1. 确认区间空闲	（1）确认列车运行计划；根据表示灯、行车日志及各种行车表示牌，确认区间空闲	—	—	使用计轴设备的，并应通过计轴设备确认区间空闲
	2. 发车预告	（2）向接车站发出："×（次）预告"，并听取同意的通知	—	—	—
		（3）填记或确认电子行车日志	—	—	不能使用电子行车日志时，填写纸质行车日志
二、开放信号	3. 开放信号	（4）通知信号员停止影响进路的调车作业并听取报告	（1）停止影响进路的调车作业。确认停止后报告	—	停止调车作业时机和通知、应答、报告用语，由企业规定。无影响进路的调车作业时，此项作业省略
		（5）确认列车运行计划后，通知信号员："×（次）、×道发车，开放信号"。听取复诵无误后，命令："执行"	（2）复诵："×（次）、×道发车，开放信号"	—	车站值班员认为需办理变通进路时，一并通知
		（6）确认信号正确，应答："×道出站信号好（了）"	（3）开放出站信号，口呼："×道"，点击（按下）始端按钮；需办理变通进路时，口呼："变通××"，点击（按下）相应变通按钮；口呼："出站"，点击（按下）终端按钮。确认光带、信号显示正确，口呼："信号好（了）"	—	"变通××"中的"××"为按钮名称
三、发车	4. 准备发车	（7）通知助理值班员："发×道×（次）"，并听取复诵	—	（1）复诵："发×道×（次）"	助理值班员在室外作业时，可提前告知发车计划。 使用列车无线调度通信设备通知时，应在用语前增加姓名或代号。 动车组列车无此项作业
	5. 确认发车条件	—	（4）通过信号操作终端监视信号及进路表示	（2）确认旅客上下、行包装卸和列检作业等完了（或得到通知）	动车组列车无此项作业
	6. 发车	—	—	（3）按规定站在适当地点，显示发车信号或使用列车无线调度通信设备（发车表示器）发车	由车站值班员使用列车无线调度通信设备发车时，应确认发车条件具备（或得到报告）。 动车组列车无此项作业

续表

<table>
<tr><th colspan="2">作业程序</th><th colspan="3">岗位作业技术要求</th><th rowspan="2">事项要求</th></tr>
<tr><th>程序</th><th>项目</th><th>车站值班员</th><th>信号员</th><th>助理值班员</th></tr>
<tr><td rowspan="8">四、列车出发</td><td rowspan="4">7. 监视列车</td><td>（8）列车起动后，及时通知接车站：“×（次）、（×点）×（分）开”，并听取复诵</td><td>—</td><td>—</td><td>—</td></tr>
<tr><td>（9）填记或确认电子行车日志</td><td>—</td><td>—</td><td>不能使用电子行车日志时，填写纸质行车日志</td></tr>
<tr><td>（10）应答：“好（了）”</td><td>（5）通过信号操作终端确认列车整列出站，口呼：“×（次）出站”</td><td>（4）监视列车，于列车尾部越过发车地点，确认列车尾部标志后返回</td><td>—</td></tr>
<tr><td>—</td><td>（6）擦（划）掉占线板（簿）记载</td><td>（5） 擦（划）掉占线板（簿）记载</td><td>—</td></tr>
<tr><td>8. 报点</td><td>（11）计算机报点系统自动向列车调度员报点</td><td>—</td><td>—</td><td>不能自动报点时，向列车调度员报点：“×（站）报点，×（次）、（×点）×（分）开”</td></tr>
<tr><td rowspan="2">9. 接受到达通知</td><td>（12）复诵接车站列车到达通知</td><td>（7）确认区间空闲</td><td>—</td><td>使用计轴设备的，并应通过计轴设备确认区间空闲</td></tr>
<tr><td>（13）填记或确认电子行车日志</td><td>—</td><td>—</td><td>不能使用电子行车日志时，填写纸质行车日志</td></tr>
</table>

1.6.3 其他要求

（1）本任务适用于200 km/h以下铁路区段（仅运行动车组列车的铁路除外）自动站间闭塞集中联锁设备设信号员的车站接发列车作业。

（2）开放信号时，执行“一看、二点击（按）、三确认、四呼唤”及“眼看、手指、口呼”制度。眼看，看准应操纵的按钮；手指，鼠标箭头或光电笔对准应确认的按钮（继电联锁时为中、食指并拢成“剑指”，指向应确认的按钮）；口呼，规定用语，吐字清晰。

（3）接发列车使用计轴复零按钮前，应与邻站共同确认区间空闲，并取得列车调度员准许使用的调度命令。

（4）一端有两个及其以上列车运行方向，车站值班员布置进路、确认信号时，应以线名或邻站名区别方向（“线”或“站”字可省略。分主次方向时，可只在次要方向增加线名或邻站名区分）；有两个及其以上车场或经路时，车站值班员办理预告、布置进路、确认信号，应区分车场或经路。具体办法由企业规定。

（5）列车区间运行时分小于规定的开放进站信号时分时，办理信号时机由企业规定。

（6）接发列车时，应按规定执行车机联控。

（7）未设助理值班员的车站及助理值班员不参与发车的列车，由车站值班员按规定确认发车条件具备（或得到报告）后发车（动车组列车除外），本标准中其他涉及助理值班员的有关作业省略。确认发车条件的具体办法由企业规定。

（8）信号员、助理值班员能通过TDCS等方式掌握车次、股道时，可不填写占线板（簿）。

（9）信号操作终端上使用的行车表示牌（帽、卡）及揭挂办法，由企业规定。信号操作终端包括计算机联锁操作终端、继电联锁及非集中联锁控制台。

（10）与本站（场）区有关作业人员间的联系、通知，可采用信息系统或设备通知（车站值班员布置进路及听取进路准备妥当的报告时除外），通知人员应及时确认被通知人员的签收回执，具体通知办法由企业规定。

需要时可沿此线裁成活页

任务 1.7 自动站间闭塞集中联锁（未设信号员）

1.7.1 接发列车作业程序图

1. 接车（含通过）作业程序图

接车（含通过）作业程序应符合图 1-7-1 的规定。

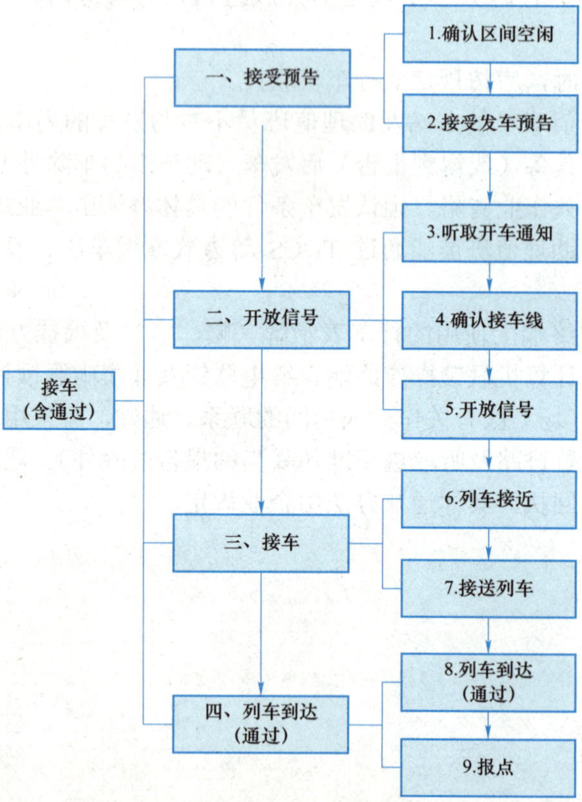

图 1-7-1 接车（含通过）作业程序图

2. 发车作业程序图

发车作业程序应符合图1-7-2的规定。

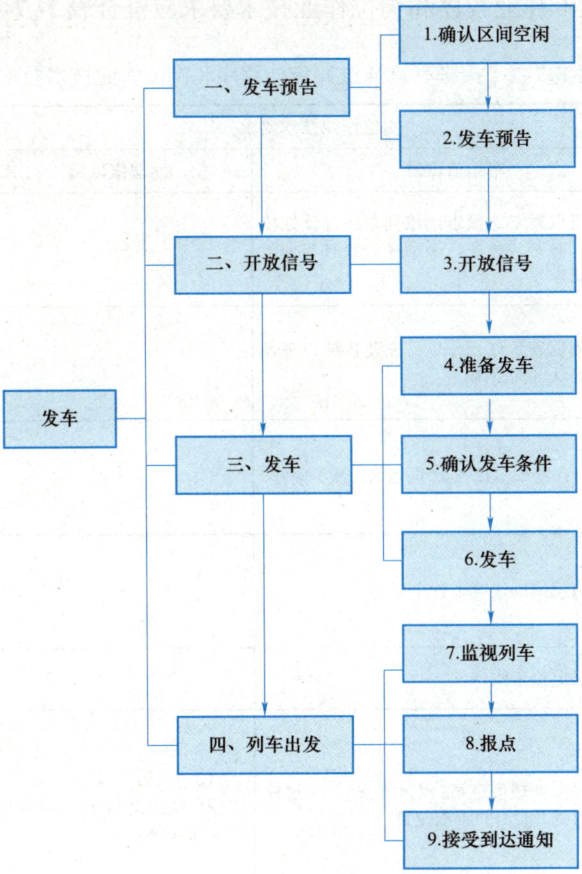

图1-7-2 发车作业程序图

1.7.2 接发列车作业程序及技术要求

1. 接车（含通过）作业

接车（含通过）作业程序和岗位作业技术要求应符合表 1–7–1 的规定。

表 1–7–1 接车（含通过）作业程序和岗位作业技术要求表

作业程序		岗位作业技术要求		事项要求
程序	项目	车站值班员	助理值班员	
一、接受预告	1. 确认区间空闲	（1）听取发车站预告，按列车运行计划核对车次、时刻、命令、指示（必要时与列车调度员联系）	—	—
		（2）根据表示灯、行车日志及各种行车表示牌，确认区间空闲	—	使用计轴设备的，并应通过计轴设备确认区间空闲
	2. 接受发车预告	（3）同意发车站预告："同意×（次）预告"	—	同意列车预告后，按企业规定通知有关人员
		（4）填记或确认电子行车日志	—	不能使用电子行车日志时，填写纸质行车日志
		（5）确定接车线	—	—
		（6）通知助理值班员："×（次）、×道停车[通过][到开]"，并听取复诵	（1）复诵："×（次）、×道停车[通过][到开]"，并填写占线板（簿）	助理值班员在室外作业期间接到的通知，返回后，除按规定应擦（划）掉的外，应补填占线板（簿）。必要时与车站值班员联系
二、开放信号	3. 听取开车通知	（7）复诵发车站开车通知："×（次）、（×点）×（分）开[通过]"	—	—
		（8）填记或确认电子行车日志中的发车站发车时间和本站接车线	—	不能使用电子行车日志时，填写纸质行车日志
		（9）通知助理值班员："×（次）开过来（了）"，并听取复诵	（2）复诵："×（次）开过来（了）"	—
		（10）按企业规定通知有关人员	—	—
	4. 确认接车线	（11）确认接车线路空闲	—	—
		（12）停止影响进路的调车作业	—	停止调车作业时机，由企业规定。无影响进路的调车作业时，此项作业省略

续表

作业程序		岗位作业技术要求		事项要求
程序	项目	车站值班员	助理值班员	
二、开放信号	5. 开放信号	（13）确认列车运行计划后，开放进站信号，口呼：“进站”，点击（按下）始端按钮；需办理变通进路时，口呼：“变通××”，点击（按下）相应变通按钮；口呼“×道”（正线通过时，口呼：“出站”），点击（按下）终端按钮；设有延续进路时，口呼：“延续××”，点击（按下）延续进路相应按钮。确认光带、信号显示正确，口呼：“信号好（了）”	（3）通过信号操作终端确认信号正确，应答：“×道进站信号好（了）”[通过时，应答：“×道进、出站信号好（了）”]	列车通过时，应办理有关发车作业程序。 “变通××”中的“××”为按钮名称。 “延续××”中的“××”为延续的按钮或线路名称。 助理值班员在室外作业时，（3）项作业省略
三、接车	6. 列车接近	（14）通过信号操作终端监视信号及进路表示	—	—
		（15）接近语音提示（接近铃响）、光带变红，再次确认信号开放正确	—	—
		（16）通知助理值班员：“×（次）接近，×道接车”，并听取复诵	（4）通过信号操作终端再次确认信号正确，复诵：“×（次）接近，×道接车”	特快旅客列车、特快货物班列的通知接车时机，由企业规定
	7. 接送列车	—	（5）到企业规定地点接车	—
四、列车到达（通过）	8. 列车到达（通过）	（17）通过信号操作终端监视进路、信号及列车进（出）站	（6）监视列车进站，于列车停妥后返回。通过列车，于列车尾部越过接车地点，确认列车尾部标志后返回	—
		（18）通过信号操作终端确认列车整列进入（通过）接车线、区间空闲	—	使用计轴设备的，并应通过计轴设备确认区间空闲
		（19）对通过列车通知接车站：“×（次）、（×点）×（分）通过”，并听取复诵	—	—
		（20）填记或确认电子行车日志	（7）对通过列车擦（划）掉占线板（簿）记载	不能使用电子行车日志时，填写纸质行车日志
	9. 报点	（21）通知发车站：“×（次）、（×点）×（分）到”，并听取复诵	—	—
		（22）计算机报点系统自动向列车调度员报点	—	不能自动报点时，向列车调度员报点：“×（站）报点，×（次）、（×点）×（分）到[通过]”

需要时可沿此线裁成活页

2. 发车作业

发车作业程序和岗位作业技术要求应符合表 1–7–2 的规定。

表 1–7–2　发车作业程序和岗位作业技术要求表

作业程序		岗位作业技术要求		事项要求
程序	项目	车站值班员	助理值班员	
一、发车预告	1. 确认区间空闲	（1）确认列车运行计划；根据表示灯、行车日志及各种行车表示牌，确认区间空闲	—	使用计轴设备的，并应通过计轴设备确认区间空闲
	2. 发车预告	（2）向接车站发出："×（次）预告"，并听取同意的通知	—	—
		（3）填记或确认电子行车日志	—	不能使用电子行车日志时，填写纸质行车日志
二、开放信号	3. 开放信号	（4）停止影响进路的调车作业	—	停止调车作业时机，由企业规定。无影响进路的调车作业时，此项作业省略
		（5）确认列车运行计划后，开放出站信号，口呼："×道"，点击（按下）始端按钮；需办理变通进路时，口呼："变通××"，点击（按下）相应变通按钮；口呼："出站"，点击（按下）终端按钮。确认光带、信号显示正确，口呼："信号好（了）"	（1）通过信号操作终端确认信号正确，应答："×道出站信号好（了）"	"变通××"中的"××"为按钮名称。 助理值班员在室外接发车时，（1）项作业省略
三、发车	4. 准备发车	（6）通知助理值班员："发×道×（次）"，并听取复诵	（2）复诵："发×道×（次）"	助理值班员在室外接发车时，可提前告知发车计划。 使用列车无线调度通信设备通知时，应在用语前增加姓名或代号
	5. 确认发车条件	（7）通过信号操作终端监视信号及进路表示	—	—
		—	（3）确认旅客上下、行包装卸和列检作业等完了（或得到通知）	动车组列车无此项作业
	6. 发车	—	（4）按规定站在适当地点，显示发车信号或使用列车无线调度通信设备（发车表示器）发车	由车站值班员使用列车无线调度通信设备发车时，应确认发车条件具备（或得到报告）。 动车组列车无此项作业

续表

作业程序		岗位作业技术要求		事项要求
程序	项目	车站值班员	助理值班员	
四、列车出发	7. 监视列车	（8）列车起动后，及时通知接车站：“×（次）、（×点）×（分）开”，并听取复诵	—	—
		（9）填记或确认电子行车日志	—	不能使用电子行车日志时，填写纸质行车日志
		（10）通过信号操作终端确认列车整列出站	（5）监视列车，于列车尾部越过发车地点，确认列车尾部标志后返回	—
		—	（6）擦（划）掉占线板（簿）记载	—
	8. 报点	（11）计算机报点系统自动向列车调度员报点	—	不能自动报点时，向列车调度员报点：“×（站）报点，×（次）、（×点）×（分）开”
	9. 接受到达通知	（12）复诵接车站列车到达通知，确认区间空闲	—	使用计轴设备的，并应通过计轴设备确认区间空闲
		（13）填记或确认电子行车日志	—	不能使用电子行车日志时，填写纸质行车日志

需要时可沿此线裁成活页

1.7.3 其他要求

（1）本任务适用于 200 km/h 以下铁路区段（仅运行动车组列车的铁路除外）自动站间闭塞集中联锁设备未设信号员的车站接发列车作业。

（2）开放信号时，执行“一看、二点击（按）、三确认、四呼唤”及“眼看、手指、口呼”制度。眼看，看准应操纵的按钮；手指，鼠标箭头或光电笔对准应确认的按钮（继电联锁设备为中、食指并拢成“剑指”，指向应确认的按钮）；口呼，规定用语，吐字清晰。

（3）接发列车使用计轴复零按钮前，应与邻站共同确认区间空闲，并取得列车调度员准许使用的调度命令。

（4）一端有两个及其以上列车运行方向，车站值班员准备进路、确认信号时，应以线名或邻站名区别方向（“线”或“站”字可省略。分主次方向时，可只在次要方向增加线名或邻站名区分）；有两个及其以上车场或经路时，车站值班员办理预告、准备进路、确认信号，应区分车场或经路。具体办法由企业规定。

（5）列车区间运行时分小于规定的开放进站信号时分时，办理信号时机由企业规定。

（6）接发列车时，应按规定执行车机联控。

（7）未设助理值班员的车站及助理值班员不参与发车的列车，由车站值班员按规定确认发车条件具备（或得到报告）后发车（动车组列车除外），本标准中其他涉及助理值班员的有关作业省略。确认发车条件的具体办法由企业规定。

（8）助理值班员能通过 TDCS 等方式掌握车次、股道时，可不填写占线板（簿）。

（9）信号操作终端上使用的行车表示牌（帽、卡）及揭挂办法，由企业规定。信号操作终端包括计算机联锁操作终端、继电联锁及非集中联锁控制台。

（10）与本站（场）区有关作业人员间的联系、通知，可采用信息系统或设备通知，通知人员应及时确认被通知人员的签收回执，具体通知办法由企业规定。

任务1.8　单（双）线电话闭塞无联锁（联锁设备失效）

1.8.1　接发列车作业程序图

1. 接车（含通过）作业程序图

接车（含通过）作业程序应符合图1-8-1的规定。

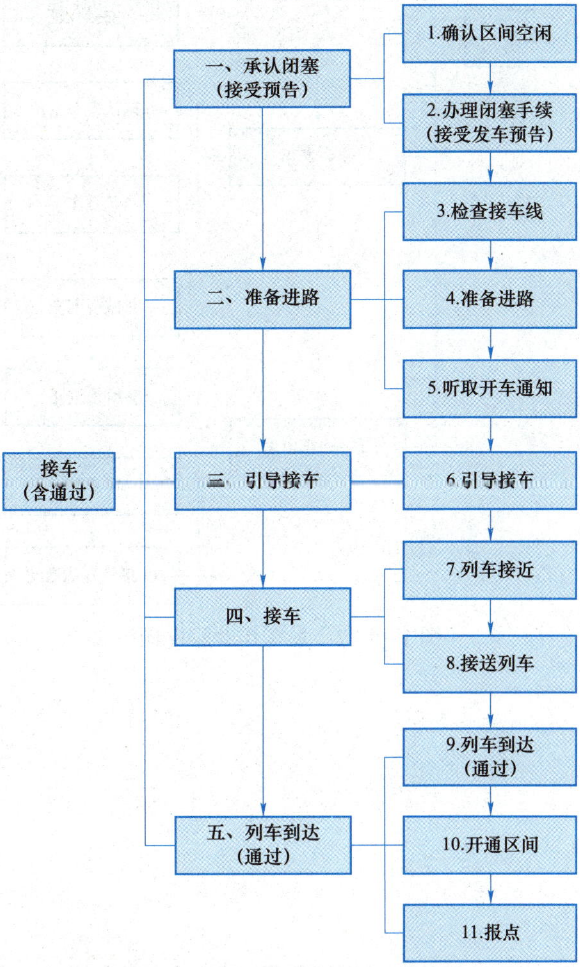

图1-8-1　接车（含通过）作业程序图

2. 发车作业程序图

发车作业程序应符合图 1-8-2 的规定。

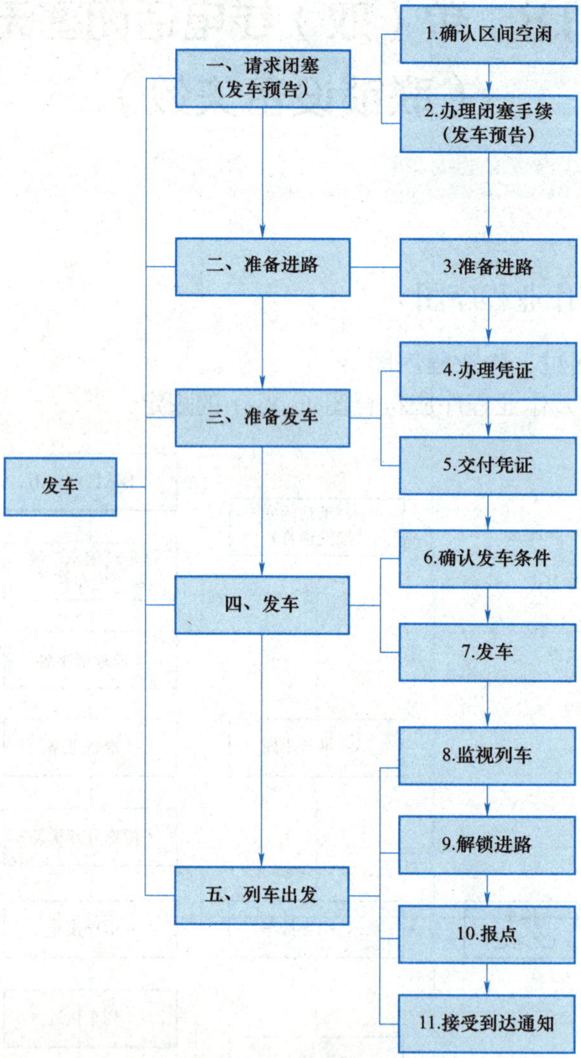

图 1-8-2　发车作业程序图

1.8.2　接发列车作业程序及技术要求

1. 接车（含通过）作业

接车（含通过）作业程序和岗位作业技术要求应符合表 1–8–1 的规定。

表 1–8–1　接车（含通过）作业程序和岗位作业技术要求表

作业程序		岗位作业技术要求				事项要求
程序	项目	车站值班员	助理值班员	扳道员	引导人员	
一、承认闭塞（接受预告）	1. 确认区间空闲	（1）听取发车站请求闭塞（双线正方向除首列外，为听取发车站预告），按列车运行计划核对车次、时刻、命令、指示（必要时与列车调度员联系）	—	—	—	首列使用电话闭塞法时，核对由基本闭塞法改用电话闭塞法的调度命令
		（2）根据行车日志及各种行车表示牌，确认区间空闲	—	—	—	—
	2. 办理闭塞手续（接受发车预告）	（3）发出电话记录："×号，（×点）×（分），同意×（次）闭塞"[双线正方向除首列外为同意预告："同意×（次）预告"]	—	—	—	同意列车闭塞（预告）后，按企业规定通知有关人员
		（4）填记或确认电子行车日志	—	—	—	不能使用电子行车日志时，填写纸质行车日志
		（5）口呼："×（次）闭塞[预告]好（了）"。揭挂"区间占用"表示牌	（1）确认无误后，应答："×（次）闭塞[预告]好（了）"	—	—	助理值班员在室外作业时，（1）项作业省略
		（6）确定接车线	—	—	—	—
二、准备进路	3. 检查接车线	（7）通知助理值班员、有关扳道员："×号、×号，×（次）闭塞[预告]，检查×道"，并听取复诵	（2）复诵："×（次）闭塞[预告]，检查×道"	（1）复诵："×号，×（次）闭塞[预告]，检查×道"	—	—
		—	（3）现场检查	（2）现场检查	—	—
		（8）应答："×道空闲"	（4）向车站值班员报告："×道空闲"，并填写占线板（簿）	（3）向车站值班员报告："×号，×道空闲"，并填写占线板（簿）	—	—
	4. 准备进路	（9）通知扳道员停止影响进路的调车作业"并听取报告	—	（4）停止影响进路的调车作业。确认停止后报告	—	停止调车作业时机和通知、应答、报告用语，由企业规定。无影响进路的调车作业时，此项作业省略
		（10）确认列车运行计划后，通知有关扳道员："×号、×号，×（次）、×道停车[通过][到开]，准备进路"。听取复诵无误后，命令："执行"	—	（5）进路上的扳道员复诵："×号，×（次）、×道停车[通过][到开]，准备进路"。接停车列车时，接车线末端及有关扳道员回答："×号，知道（了）"	—	列车通过时，应办理有关发车作业程序。 车站值班员认为需指定延续进路或办理变通进路时，一并通知

续表

作业程序		岗位作业技术要求				事项要求
程序	项目	车站值班员	助理值班员	扳道员	引导人员	
二、准备进路	4. 准备进路	—	—	(6)正确及时地准备进路，并将进路上无联锁的有关对向道岔及邻线上防护道岔加锁	—	进路上的分动外锁闭道岔无论对向或顺向，均应对密贴尖轨、斥离尖轨和可动心轨加锁
		(11)听取扳道员报告后，应答：“好（了）”	—	(7)报告：“×号，×道接车进路好（了）”[列车通过或到开时，发车端扳道员报告：“×号，×道发车进路好（了）”]	—	—
		(12)通知引导人员：“确认×道接车进路”。听取复诵无误后，命令：“执行”	—	—	(1)复诵：“确认×道接车进路”	设进路检查人员时，检查确认办法由企业规定
		(13)听取引导人员报告后，应答：“好（了）”	—	—	(2)确认进路正确，报告：“×道接车进路确认好（了）”	扳道员兼引导人员或引导人员确认进路有困难时，由扳道员再次检查，确认正确后报告。接通过列车时，发车端扳道员再次确认正确后报告
	5. 听取开车通知	(14)复诵发车站开车通知：“×（次）、（×点）×（分）开”	—	—	—	—
		(15)填记或确认电子行车日志中的发车站发车时间和本站接车线	—	—	—	不能使用电子行车日志时，填写纸质行车日志
		(16)通知助理值班员、扳道员：“×号、×号，×（次）开过来（了）”，并听取复诵	(5)复诵：“×（次）开过来（了）”	(8)复诵：“×（次）开过来（了）”	—	—
		(17)按企业规定通知有关人员	—	—	—	—
三、引导接车	6. 引导接车	(18)通知引导人员：“×（次）、（×点）×（分）开过来（了），引导接车”。听取复诵无误后，命令：“执行”	—	—	(3)复诵：“×（次）、（×点）×（分）开过来（了），引导接车”	—
		—	—	—	(4)到规定地点，按规定时机显示引导手信号	—
四、接车	7. 列车接近	(19)应答：“×（次）接近”	—	—	(5)目视列车接近，向车站值班员报告：“引导人员，×（次）接近”	—

续表

作业程序		岗位作业技术要求				事项要求
程序	项目	车站值班员	助理值班员	扳道员	引导人员	
四、接车	7. 列车接近	（20）通知助理值班员及有关扳道员：“×号、×号，×（次）接近，×道接车”，并听取复诵	（6）复诵：“×（次）接近，×道接车”	（9）进路上的扳道员复诵：“×号，×（次）接近，×道接车”。接停车列车时，接车线末端及有关扳道员回答：“×号，知道（了）”	—	—
	8. 接送列车	—	（7）再次确认接车线路空闲，到企业规定地点接车	（10）再次确认接车线路空闲，到企业规定地点接车	—	—
		（21）对通过列车，使用调度命令无线传送系统传送行车凭证或按规定使用列车无线调度通信设备向司机转达行车凭证后，通知助理值班员：“×（次）、×道显示通过手信号”，并听取复诵	（8）监视列车进站，于列车停妥后返回；对通过列车，得到车站值班员显示通过手信号的通知并复诵后，显示通过手信号。列车头部越过接车地点，收回通过手信号。列车尾部越过接车地点，确认尾部标志后返回	（11）监视列车进（出）站，确认列车尾部标志；停车列车，内方扳道员需确认列车尾部过标后返回	（6）待列车头部越过引导地点后，收回引导手信号	不能使用调度命令无线传送系统传送行车凭证或使用列车无线调度通信设备向司机转达行车凭证时，由助理值班员交递书面行车凭证
五、列车到达（通过）	9. 列车到达（通过）	（22）听取列车到达（出站）报告，应答：“好（了）”	—	（12）报告：“×号，×（次）到达”。通过列车发车端扳道员报告：“×号，×（次）出站”	—	—
		（23）对通过列车通知接车站：“×（次）、（×点）×（分）通过”，并听取复诵	（9）对通过列车，擦（划）掉占线板（簿）记载	（13）对通过列车，擦（划）掉占线板（簿）记载	—	
	10. 开通区间	（24）通知扳道员：“×号，解锁×号道岔[(×)进路]”		（14）复诵后将加锁的道岔解锁	—	连续使用道岔同一位置接发列车时除外
		（25）向发车站发出电话记录：“×号，×（次）、（×点）×（分）到”，并听取复诵	—	—	—	—
		（26）填记或确认电子行车日志	—	—	—	不能使用电子行车日志时，填写纸质行车日志
		（27）摘下“区间占用”表示牌	—	—	—	—
	11. 报点	（28）通过计算机报点系统向列车调度员报点	—	—	—	不能使用计算机报点系统时，向列车调度员报点：“×（站）报点，×（次）、（×点）×（分）到（通过）”

需要时可沿此线裁成活页

2. 发车作业

发车作业程序和岗位作业技术要求应符合表 1-8-2 的规定。

表 1-8-2 发车作业程序和岗位作业技术要求表

作业程序		岗位作业技术要求			事项要求
程序	项目	车站值班员	助理值班员	扳道员	
一、请求闭塞（发车预告）	1. 确认区间空闲	（1）确认列车运行计划；根据行车日志及各种行车表示牌，确认区间空闲	—	—	首列使用电话闭塞法时，核对由基本闭塞法改用电话闭塞法的调度命令
	2. 办理闭塞手续（发车预告）	（2）单线及双线反方向（正方向首列）请求闭塞："×（次）闭塞"[双线正方向除首列外："×（次）预告"]	—	—	—
		（3）复诵接车站发出的电话记录[双线正方向除首列外为听取接车站同意的通知]	—	—	—
		（4）填记或确认电子行车日志	—	—	不能使用电子行车日志时，填写纸质行车日志
		（5）口呼："×（次）闭塞[预告]好（了）"。揭挂"区间占用"表示牌	（1）确认无误后，应答："×（次）闭塞[预告]好（了）"	—	助理值班员在室外作业时，（1）项作业省略
二、准备进路	3. 准备进路	（6）通知扳道员停止影响进路的调车作业并听取报告	—	（1）停止影响进路的调车作业。确认停止后报告	停止调车作业时机和通知、应答、报告用语，由企业规定无影响进路的调车作业时，此项作业省略
		（7）确认列车运行计划后，通知有关扳道员："×号、×号，×（次）、×道发车，准备进路"。听取复诵无误后，命令："执行"	—	（2）进路上的扳道员复诵："×号，×（次）、×道发车，准备进路"。有关扳道员回答："×号，知道（了）"	车站值班员认为需办理变通进路时，一并通知
		—	—	（3）正确及时地准备进路，并将进路上无联锁的有关对向道岔及邻线上防护道岔加锁	进路上的分动外锁闭道岔无论对向或顺向，均应对密贴尖轨、斥离尖轨和可动心轨加锁
		（8）听取扳道员报告后，应答："好（了）"	—	（4）报告："×号，×道发车进路好（了）"	—
		（9）通知扳道员："×号，确认×道发车进路"。听取复诵无误后，命令："执行"	—	（5）复诵："×号，确认×道发车进路"	—
		（10）听取扳道员报告，应答："好（了）"	—	（6）再次确认正确，报告："×号，×道发车进路确认好（了）"	—
三、准备发车	4. 办理凭证	（11）核对车次、区间、电话记录号码，填写路票	—	—	双线正方向发车，电话记录号码为：首列为接车站承认的电话记录号码；首列以后的列车，为前次发出的列车到达的电话记录号码。 可按企业规定，由指定的助理值班员填写路票
		（12）与助理值班员核对路票	（2）与车站值班员核对路票	—	

续表

作业程序		岗位作业技术要求			事项要求
程序	项目	车站值班员	助理值班员	扳道员	
三、准备发车	5. 交付凭证	（13）通知助理值班员：“发×道×（次）”，并听取复诵	（3）复诵：“发×道×（次）”	—	—
		—	（4）与扳道员对道	（7）与助理值班员对道	—
		—	（5）与司机核对路票，确认正确后交付司机	—	使用调度命令无线传送系统传送行车凭证或使用列车无线调度通信设备向司机转达行车凭证时，无此项作业
四、发车	6. 确认发车条件	—	（6）确认旅客上下、行包装卸和列检作业等完了（或得到通知）	—	动车组列车无此项作业
	7. 发车	—	（7）按规定站在适当地点，显示发车信号或使用列车无线调度通信设备（发车表示器）发车	—	由车站值班员使用列车无线调度通信设备发车时，应确认发车条件具备（或得到报告）。动车组列车无此项作业
五、列车出发	8 监视列车	（14）列车起动后，及时通知接车站：“×（次）、（×点）×（分）开”，并听取复诵	—	—	车站值班员不能确认列车是否起动时，由助理值班员报告车站值班员
		（15）填记或确认电子行车日志	—	—	不能使用电子行车日志时，填写纸质行车日志
		—	（8）监视列车，于列车尾部越过发车地点，确认列车尾部标志后返回	（8）监视列车，确认列车尾部标志，外方扳道员于列车尾部越过最外方道岔后返回	—
	9. 解锁进路	（16）应答：“好（了）”	—	（9）外方扳道员向车站值班员报告：“×号，×（次）出站”	—
		—	（9）擦（划）掉占线板（簿）记载	（10）擦（划）掉占线板（簿）记载	—
		（17）通知扳道员：“×号，解锁×号道岔[×进路]”	—	（11）复诵后将加锁的道岔解锁	连续使用道岔同一位置接发列车时除外
	10. 报点	（18）通过计算机报点系统向列车调度员报点	—	—	不能使用计算机报点系统时，向列车调度员报点：“×（站）报点，×（次）、（×点）×（分）开”
	11. 接受到达通知	（19）复诵接车站列车到达电话记录	—	—	—
		（20）填记或确认电子行车日志	—	—	不能使用电子行车日志时，填写纸质行车日志
		（21）摘下“区间占用”表示牌	—	—	—

需要时可沿此线裁成活页

1.8.3 其他要求

（1）本任务适用于 200 km/h 以下铁路区段（仅运行动车组列车的铁路除外）单（双）线电话闭塞无联锁设备（联锁设备失效）的车站接发列车作业。

（2）准备进路时，执行“一看、二扳（摇）、三确认、四呼唤（显示）”及“眼看、手指、口呼”制度。眼看，看准应确认的设备；手指，中、食指并拢成“剑指”，指向应确认的设备；持旗时为右手拢起的信号旗前指，持灯时为“剑指”；口呼，规定用语，吐字清晰。准备进路时，先确认道岔开通位置，再扳（摇）向所需位置，确认锁闭，道岔开通正确。手指进路，确认正确，口呼：“×道开通”。

（3）在无联锁线路上接发列车时，进路上分动外锁闭道岔的具体加锁办法，由企业规定。

（4）一端有两个及其以上列车运行方向，车站值班员布置进路、确认信号时，应以线名或邻站名区别方向（“线”或“站”字可省略。分主次方向时，可只在次要方向增加线名或邻站名区分）；有两个及其以上车场或经路时，车站值班员办理闭塞（预告）、布置进路、确认信号，应区分车场或经路。具体办法由企业规定。

（5）使用引导信号接车时，现场不派引导人员，具体作业办法由企业规定。

（6）接发列车时，应按规定执行车机联控。

（7）未设助理值班员的车站及助理值班员不参与发车的列车，应指派胜任人员担当助理值班员工作。

（8）助理值班员能通过 TDCS 等方式掌握车次、股道时，可不填写占线板（簿）。

（9）信号操作终端上使用的行车表示牌（帽、卡）及揭挂办法，由企业规定。信号操作终端包括计算机联锁操作终端、继电联锁及非集中联锁控制台。

（10）与本站（场）区有关作业人员间的联系、通知，可采用信息系统或设备通知（车站值班员布置进路及听取进路准备妥当的报告时除外），通知人员应及时确认被通知人员的签收回执，具体通知办法由企业规定。

（11）检查线路空闲的具体办法，由企业规定。

（12）在非正常情况下接发列车时，为确保接发列车作业安全，根据造成非正常接发列车的不同情况，参照图 1–8–3、图 1–8–4、图 1–8–5 办理。

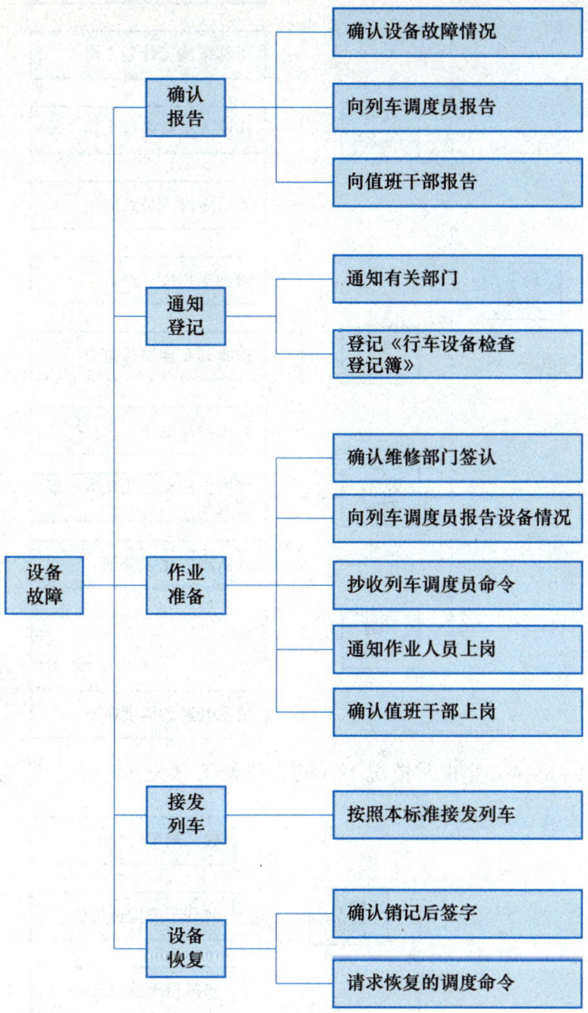

图1-8-3　非正常情况下（设备故障）接发列车安全控制图

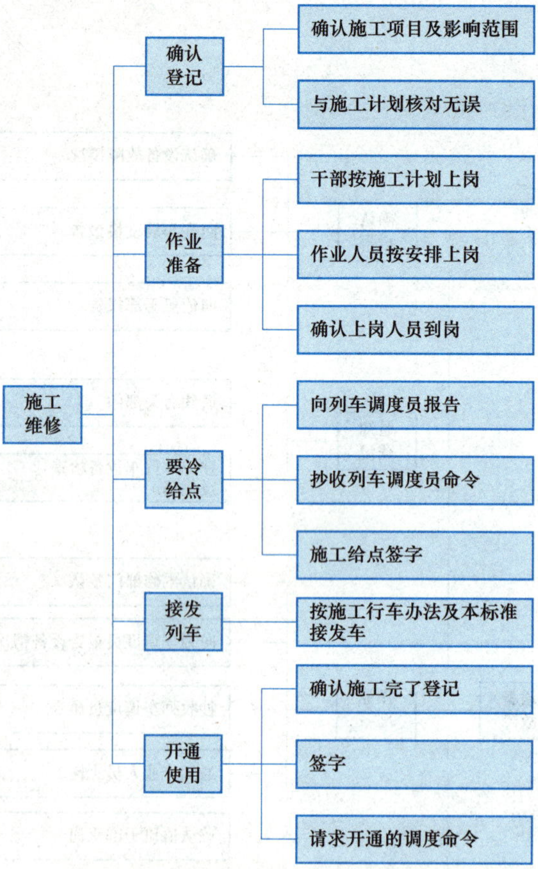

图 1-8-4　非正常情况下（施工维修）接发列车安全控制图

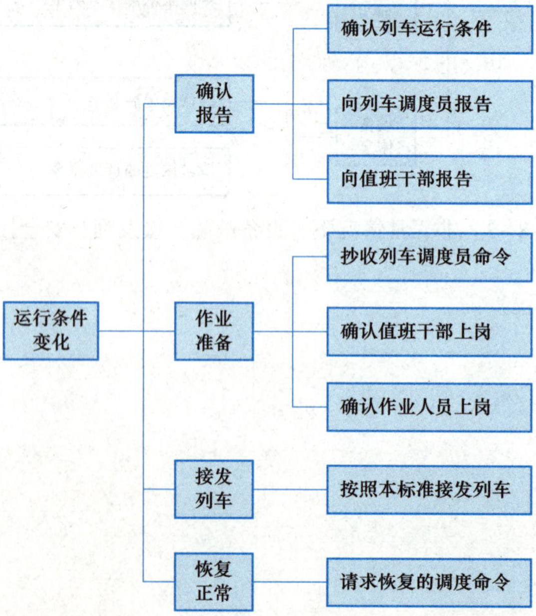

图 1-8-5　非正常情况下（运行条件变化）接发列车安全控制图

任务 1.9　单（双）线自动闭塞分散自律控制模式下车站操作方式（设信号员）

1.9.1　接发列车作业程序图

1. 接车（含通过）作业程序图

接车（含通过）作业程序应符合图 1-9-1 的规定。

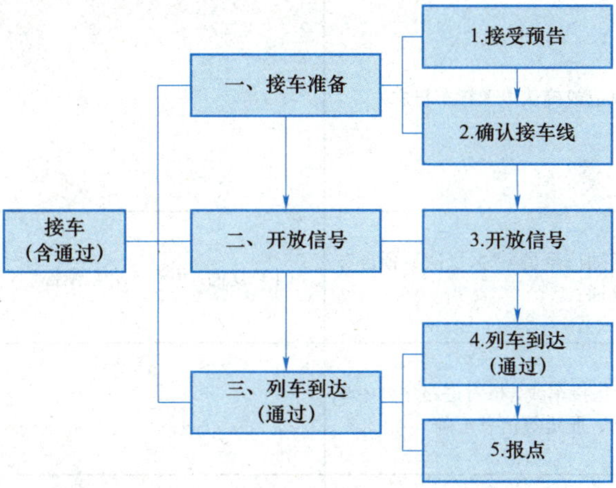

图 1-9-1　接车（含通过）作业程序图

2. 发车作业程序图

发车作业程序应符合图 1-9-2 的规定。

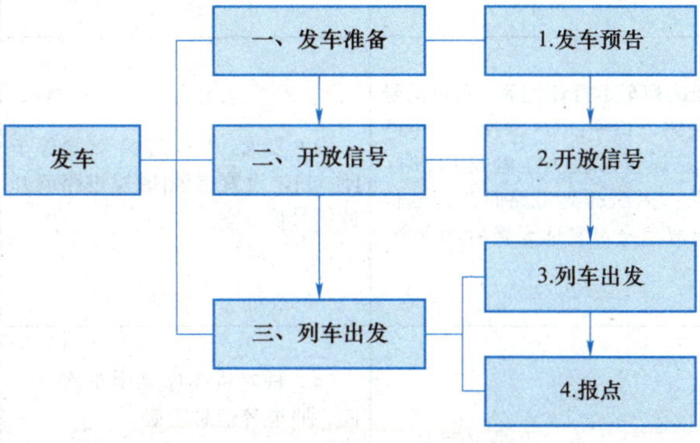

图 1-9-2　发车作业程序图

1.9.2 接发列车作业程序及技术要求

1. 接车（含通过）作业

接车（含通过）作业程序和岗位作业技术要求应符合表 1–9–1 的规定。

表 1–9–1 接车（含通过）作业程序和岗位作业技术要求表

作业程序		岗位作业技术要求		事项要求
程序	项目	车站值班员	信号员	
一、接车准备	1. 接受预告	(1)按列车运行计划核对车次、时刻、命令、指示（必要时与列车调度员联系），同意发车站预告：“同意×（次）预告”	—	发车站不需人工办理预告时，按列车运行计划核对车次、时刻、命令、指示（必要时与列车调度员联系），确认列车接发顺序
		（2）填记或确认电子行车日志	—	不能使用电子行车日志时，填写纸质行车日志。 发车站不需人工办理预告时，此项作业省略
		（3）通知信号员：“×（次）预告”，并听取复诵	（1）复诵：“×（次）预告”	发车站不需人工办理预告时，此项作业省略
	2. 确认接车线	（4）确认接车线，核对进路序列中车次、方向、股道等信息正确	—	信息不符时，按有关规定办理
		(5)通知信号员停止影响进路的调车作业并听取报告	（2）停止影响进路的调车作业。确认停止后报告	停止调车作业时机和通知、应答、报告用语，由企业规定。无影响进路的调车作业时，此项作业省略
二、开放信号	3. 开放信号	（6）确认列车运行计划后，布置信号员准备进路，口呼：“×（次）×道停车[通过]，设置自触[人工触发进路时：触发进路；人工排列进路时：开放信号]”；听取信号员复诵无误后，命令：“执行”	（3）复诵：“×（次）×道停车[通过]，设置自触[触发进路或开放信号]”	人工触发进路或人工排列进路时，车站值班员应确认接车线空闲。 车站值班员认为需指定延续进路或办理变通进路时，一并通知
		—	（4）核对进路序列中车次、方向、股道等信息正确	人工排列进路时，此项作业省略

续表

作业程序		岗位作业技术要求		事项要求
程序	项目	车站值班员	信号员	
二、开放信号	3. 开放信号	（7）确认自触设置好，口呼“正确”；听取信号员报告并确认信号开放正确，应答：“×道进站信号好（了）”[通过时，应答：“×道进、出站信号好（了）”]。 人工触发进路或人工排列进路时，确认信号正确，应答：“×道进站信号好（了）”[通过时，应答：“×道进、出站信号好（了）”]	（5）设置自触时，选中进路序列中相应车次，设置自触，设置完毕后，口呼“自触设置好”。待信号开放后，确认光带、信号显示正确，口呼：“×（次）信号好（了）”。 人工触发进路时，选中进路序列中相应车次，确认弹出的提示框内容并口呼：“×（次）、×道停车[通过]”，设置人工触发；确认光带、信号显示正确，口呼：“信号好（了）”。 人工排列进路时，口呼：“进站”，点击始端按钮；需办理变通进路时，口呼：“变通××”，点击相应变通按钮；口呼：“×道”（正线通过时，口呼：“出站”），点击终端按钮；设有延续进路时，口呼：“延续××”，点击相应延续进路按钮。确认光带、信号显示正确，口呼：“信号好（了）”	“变通××”中的“××”为按钮名称。 “延续××”中的“××”为延续的按钮或线路名称
三、列车到达（通过）	4. 列车到达（通过）	—	（6）通过信号操作终端监视进路、信号及列车进（出）站	—
		（8）应答：“好（了）”	（7）通过信号操作终端确认列车整列进入（通过）接车线，口呼：“×（次）到达[通过]”	—
		（9）填记或确认电子行车日志	—	不能使用电子行车日志时，填写纸质行车日志
		（10）对通过列车通知接车站：“×（次）、（×点）×（分）通过”，并听取复诵	—	接车站为分散自律控制模式时，此项作业省略
	5. 报点	（11）计算机报点系统自动向列车调度员报点	—	不能自动报点时，向列车调度员报点：“×（站）报点，×（次）、（×点）×（分）到[通过]”

需要时可沿此线裁成活页

2. 发车作业

发车作业程序和岗位作业技术要求应符合表 1–9–2 的规定。

表 1–9–2　发车作业程序和岗位作业技术要求表

<table>
<tr><th colspan="2">作业程序</th><th colspan="2">岗位作业技术要求</th><th rowspan="2">事项要求</th></tr>
<tr><th>程序</th><th>项目</th><th>车站值班员</th><th>信号员</th></tr>
<tr><td rowspan="3">一、发车准备</td><td rowspan="3">1. 发车预告</td><td>（1）根据列车运行计划，向接车站发出：“×（次）预告”，并听取同意的通知</td><td>—</td><td>不需人工办理预告时，按列车运行计划核对车次、时刻，确认列车接发顺序</td></tr>
<tr><td>（2）填记或确认电子行车日志</td><td>—</td><td>不能使用电子行车日志时，填写纸质行车日志。
不需人工办理预告时，此项作业省略</td></tr>
<tr><td>（3）核对进路序列中车次、方向、股道等信息正确</td><td>—</td><td>信息不符时，按有关规定办理</td></tr>
<tr><td rowspan="4">二、开放信号</td><td rowspan="4">2. 开放信号</td><td>（4）通知信号员停止影响进路的调车作业并听取报告</td><td>（1）停止影响进路的调车作业。确认停止后报告</td><td>停止调车作业时机和通知、应答、报告用语，由企业规定。无影响进路的调车作业时，此项作业省略</td></tr>
<tr><td>（5）确认列车运行计划后，布置信号员准备进路，口呼：“×（次）×道发车，设置自触[人工触发进路时：触发进路；人工排列进路时：开放信号]”；听取信号员复诵无误后，命令：“执行”</td><td>（2）复诵：“×（次）×道发车，设置自触[触发进路或开放信号]”</td><td>车站值班员认为需办理变通进路时，一并通知</td></tr>
<tr><td>—</td><td>（3）核对进路序列中车次、方向、股道等信息正确</td><td>人工排列进路时，此项作业省略</td></tr>
<tr><td>（6）确认自触设置好，口呼“正确”；听取信号员报告并确认信号开放正确，应答：“×道出站信号好（了）”。
人工触发进路或人工排列进路时，确认信号正确，应答：“×道出站信号好（了）”</td><td>（4）设置自触时，选中进路序列中相应车次，设置自触，设置完毕后，口呼“自触设置好”。待信号开放后，确认光带、信号显示正确，口呼：“×（次）信号好（了）”。
人工触发进路时，选中进路序列中相应车次，确认弹出的提示框内容并口呼：“×（次）、×道发车”，设置人工触发；确认光带、信号显示正确，口呼：“信号好（了）”。
人工排列进路时，口呼：“×道”，点击始端按钮；需办理变通进路时，口呼：“变通××”，点击相应变通按钮；口呼：“出站”，点击终端按钮。确认光带、信号显示正确，口呼：“信号好（了）”</td><td>“变通××”中的“××”为按钮名称</td></tr>
<tr><td rowspan="4">三、列车出发</td><td rowspan="3">3. 列车出发</td><td>—</td><td>（5）通过信号操作终端监视进路、信号及列车出站</td><td>—</td></tr>
<tr><td>（7）列车起动后，及时通知接车站：“×（次）、（×点）×（分）开”，并听取复诵</td><td>—</td><td>接车站为分散自律控制模式时，此项作业省略</td></tr>
<tr><td>（8）填记或确认电子行车日志</td><td>—</td><td>不能使用电子行车日志时，填写纸质行车日志</td></tr>
<tr><td>4. 报点</td><td>（9）计算机报点系统自动向列车调度员报点</td><td>—</td><td>不能自动报点时，向列车调度员报点：“×（站）报点，×（次）、（×点）×（分）开”</td></tr>
</table>

1.9.3　其他要求

（1）本任务适用于 200 km/h 及以上铁路和 200 km/h 以下仅运行动车组列车铁路区段单（双）线自动闭塞分散自律控制模式下车站操作方式设信号员的车站接发列车作业。

（2）开放信号时，执行“一看、二点击、三确认、四呼唤”及“眼看、手指、口呼”制度。眼看，看准应操纵的按钮；手指，鼠标箭头对准应确认的按钮；口呼，规定用语，吐字清晰。

（3）一端有两个及其以上列车运行方向，车站值班员布置人工排列进路时，应以线名或邻站名区别方向（“线”或“站”字可省略。分主次方向时，可只在次要方向增加线名或邻站名区分）；有两个及其以上车场或经路时，车站值班员办理预告、布置人工排列进路，应区分车场或经路。具体办法由企业规定。

需要时可沿此线裁成活页

任务 1.10　单（双）线自动闭塞分散自律控制模式下车站操作方式（未设信号员）

1.10.1　接发列车作业程序图

1. 接车（含通过）作业程序图

接车（含通过）作业程序应符合图 1-10-1 的规定。

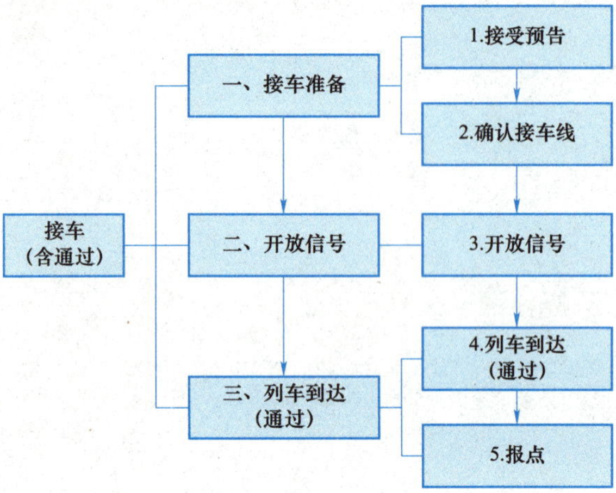

图 1-10-1　接车（含通过）作业程序图

2. 发车作业程序图

发车作业程序应符合图 1-10-2 的规定。

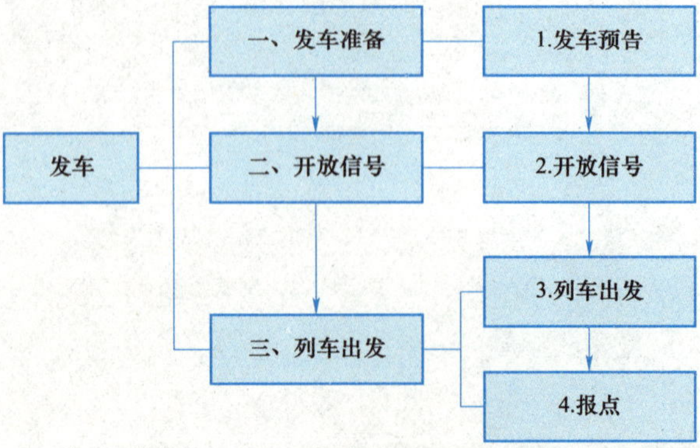

图 1-10-2　发车作业程序图

1.10.2　接发列车作业程序及技术要求

1. 接车（含通过）作业

接车（含通过）作业程序和岗位作业技术要求应符合表 1–10–1 的规定。

表 1–10–1　接车（含通过）作业程序和岗位作业技术要求表

作业程序		岗位作业技术要求	事项要求
程序	项目	车站值班员	
一、接车准备	1. 接受预告	（1）按列车运行计划核对车次、时刻、命令、指示（必要时与列车调度员联系），同意发车站预告："同意×（次）预告"	发车站不需人工办理预告时，按列车运行计划核对车次、时刻、命令、指示（必要时与列车调度员联系），确认列车接发顺序
		（2）填记或确认电子行车日志	不能使用电子行车日志时，填写纸质行车日志。 发车站不需人工办理预告时，此项作业省略
	2. 确认接车线	（3）确认接车线，核对进路序列中车次、方向、股道等信息正确	信息不符时，按有关规定办理
		（4）停止影响进路的调车作业	停止调车作业时机，由企业规定。无影响进路的调车作业时，此项作业省略
二、开放信号	3. 开放信号	（5）确认列车运行计划后，设置自触时，选中进路序列中相应车次，设置自触，设置完毕后，口呼"自触设置好"。待信号开放后，确认光带、信号显示正确，口呼："×（次）信号好（了）"。 人工触发进路时，选中进路序列中相应车次，确认弹出的提示框内容并口呼："×（次）、×道停车[通过]"，设置人工触发；确认光带、信号显示正确，口呼："信号好（了）"。 人工排列进路时，口呼："进站"，点击始端按钮；需办理变通进路时，口呼："变通××"，点击相应变通按钮，口呼："×道"（正线通过时，口呼："出站"），点击终端按钮；设有延续进路时，口呼："延续××"，点击相应延续进路按钮。确认光带、信号显示正确，口呼："信号好（了）"	人工触发进路或人工排列进路时，车站值班员应确认接车线空闲。 "变通××"中的"××"为按钮名称。 "延续××"中的"××"为延续的按钮或线路名称
三、列车到达（通过）	4. 列车到达（通过）	（6）通过信号操作终端监视进路、信号及列车进（出）站	—
		（7）通过信号操作终端确认列车整列进入（通过）接车线	—
		（8）填记或确认电子行车日志	不能使用电子行车日志时，填写纸质行车日志
		（9）对通过列车通知接车站："×（次）、（×点）×（分）通过"，并听取复诵	接车站为分散自律控制模式时，此项作业省略
	5. 报点	（10）计算机报点系统自动向列车调度员报点	不能自动报点时，向列车调度员报点："×（站）报点，×（次）、（×点）×（分）到[通过]"

2. 发车作业

发车作业程序和岗位作业技术要求应符合表 1–10–2 的规定。

表 1–10–2　发车作业程序和岗位作业技术要求表

<table>
<tr><th colspan="2">作业程序</th><th>岗位作业技术要求</th><th rowspan="2">事项要求</th></tr>
<tr><th>程序</th><th>项目</th><th>车站值班员</th></tr>
<tr><td rowspan="3">一、发车准备</td><td rowspan="4">1. 发车预告</td><td>（1）根据列车运行计划，向接车站发出：“×（次）预告”，并听取同意的通知</td><td>不需人工办理预告时，按列车运行计划核对车次、时刻，确认列车接发顺序</td></tr>
<tr><td>（2）填记或确认电子行车日志</td><td>不能使用电子行车日志时，填写纸质行车日志。
不需人工办理预告时，此项作业省略</td></tr>
<tr><td>（3）核对进路序列中车次、方向、股道等信息正确</td><td>信息不符时，按有关规定办理</td></tr>
<tr><td rowspan="2">二、开放信号</td><td>（4）停止影响进路的调车作业</td><td>停止调车作业时机由企业规定。无影响进路的调车作业时，此项作业省略</td></tr>
<tr><td>2. 开放信号</td><td>（5）确认列车运行计划后，设置自触时，选中进路序列中相应车次，设置自触，设置完毕后，口呼“自触设置好”。待信号开放后，确认光带、信号显示正确，口呼：“×（次）信号好（了）”。
人工触发进路时，选中进路序列中相应车次，确认弹出的提示框内容并口呼：“×（次）、×道发车”，设置人工触发；确认光带、信号显示正确，口呼：“信号好（了）”。
人工排列进路时，口呼：“×道”，点击始端按钮；需办理变通进路时，口呼：“变通××”，点击相应变通按钮；口呼：“出站”，点击终端按钮。确认光带、信号显示正确，口呼：“信号好（了）”</td><td>“变通××”中的“××”为按钮名称</td></tr>
<tr><td rowspan="5">三、列车出发</td><td rowspan="4">3. 列车出发</td><td>（6）通过信号操作终端监视信号及进路表示</td><td>—</td></tr>
<tr><td>（7）列车起动后，及时通知接车站：“×（次）、（×点）×（分）开”，并听取复诵</td><td>接车站为分散自律控制模式时，此项作业省略</td></tr>
<tr><td>（8）通过信号操作终端确认列车整列出站</td><td>—</td></tr>
<tr><td>（9）填记或确认电子行车日志</td><td>不能使用电子行车日志时，填写纸质行车日志</td></tr>
<tr><td>4. 报点</td><td>（10）计算机报点系统自动向列车调度员报点</td><td>不能自动报点时，向列车调度员报点：“×（站）报点，×（次）、（×点）×（分）开”</td></tr>
</table>

1.10.3　其他要求

（1）本任务适用于 200 km/h 及以上铁路和 200 km/h 以下仅运行动车组列车铁路区段单（双）线自动闭塞分散自律控制模式下车站操作方式未设信号员的车站接发列车作业。

（2）开放信号时，执行“一看、二点击、三确认、四呼唤”及“眼看、手指、口呼”制度。眼看，看准应操纵的按钮；手指，鼠标箭头对准应确认的按钮；口呼，规定用语，吐字清晰。

（3）一端有两个及其以上列车运行方向，车站值班员准备进路、确认信号时，应以线名或邻站名区别方向（“线”或“站”字可省略。分主次方向时，可只在次要方向增加线名或邻站名区分）；有两个及其以上车场或经路时，车站值班员办理预告、准备进路、确认信号，应区分车场或经路。具体办法由企业规定。

需要时可沿此线裁成活页

任务 1.11 自动站间闭塞分散自律控制模式下车站操作方式（设信号员）

1.11.1 接发列车作业程序图

1. 接车（含通过）作业程序图

接车（含通过）作业程序应符合图 1-11-1 的规定。

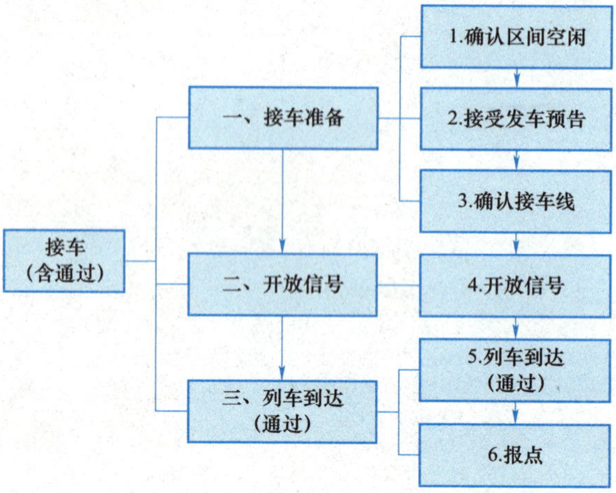

图 1-11-1 接车（含通过）作业程序图

2. 发车作业程序图

发车作业程序应符合图 1-11-2 的规定。

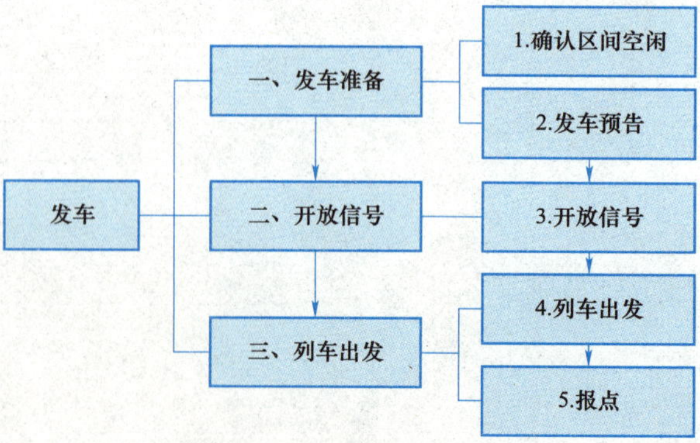

图 1-11-2 发车作业程序图

1.11.2　接发列车作业程序及技术要求

1. 接车（含通过）作业

接车（含通过）作业程序和岗位作业技术要求应符合表 1–11–1 的规定。

表 1–11–1　接车（含通过）作业程序和岗位作业技术要求表

作业程序		岗位作业技术要求		事项要求
程序	项目	车站值班员	信号员	
一、接车准备	1. 确认区间空闲	（1）按列车运行计划核对车次、时刻、命令、指示（必要时与列车调度员联系），确认列车接发顺序	—	—
		（2）根据表示灯、行车日志及各种行车表示牌，确认区间空闲	—	—
	2. 接受发车预告	（3）同意预告："同意×（次）预告"	—	发车站不需人工办理预告时，此项作业省略
		（4）填记或确认电子行车日志	—	不能使用电子行车日志时，填写纸质行车日志。 发车站不需人工办理预告时，此项作业省略
		（5）通知信号员"×（次）预告、×道停车[通过][到开]"，并听取复诵	（1）复诵："×（次）预告、×道停车[通过][到开]"	发车站不需人工办理预告时，此项作业省略
	3. 确认接车线	（6）确认接车线，核对进路序列中车次、方向、股道等信息正确	—	信息不符时，按有关规定办理
		（7）通知信号员停止影响进路的调车作业并听取报告	（2）停止影响进路的调车作业。确认停止后报告	停止调车作业时机和通知、应答、报告用语，由企业规定。无影响进路的调车作业时，此项作业省略
二、开放信号	4. 开放信号	（8）确认列车运行计划后，布置信号员准备进路，口呼："×（次）×道停车[通过]，设置自触[人工触发进路时：触发进路；人工排列进路时：开放信号]"；听取信号员复诵无误后，命令："执行"	（3）复诵："×（次）×道停车[通过]，设置自触[触发进路或开放信号]"	人工触发进路或人工排列进路时，车站值班员应确认接车线空闲。 车站值班员认为需指定延续进路或办理变通进路时，一并通知
		—	（4）核对进路序列中车次、方向、股道等信息正确	人工排列进路时，此项作业省略
		（9）确认自触设置好，口呼"正确"；听取信号员报告并确认信号开放正确，应答："×道进站信号好（了）"[通过时，应答："×道进、出站信号好（了）"]。 人工触发进路或人工排列进路时，确认信号正确，应答："×道进站信号好（了）"[通过时，应答："×道进、出站信号好（了）"]	（5）设置自触时，选中进路序列中相应车次，设置自触，设置完毕后，口呼"自触设置好"。待信号开放后，确认光带、信号显示正确，口呼："×（次）信号好（了）"。 人工触发进路时，选中进路序列中相应车次，确认弹出的提示框内容并口呼："×（次）、×道停车[通过]"，设置人工触发；确认光带、信号显示正确，口呼："信号好（了）"。 人工排列进路时，口呼："进站"，点击始端按钮；需办理变通进路时，口呼："变通××"，点击相应变通按钮；口呼："×道"（正线通过时，口呼："出站"），点击终端按钮；设有延续进路时，口呼："延续××"，点击相应延续进路按钮。确认光带、信号显示正确，口呼："信号好（了）"	"变通××"中的"××"为按钮名称。 "延续××"中的"××"为延续的按钮或线路名称

续表

<table>
<tr><th colspan="2">作业程序</th><th colspan="2">岗位作业技术要求</th><th rowspan="2">事项要求</th></tr>
<tr><th>程序</th><th>项目</th><th>车站值班员</th><th>信号员</th></tr>
<tr><td rowspan="5">三、列车到达（通过）</td><td rowspan="4">5.列车到达（通过）</td><td>—</td><td>（6）通过信号操作终端监视进路、信号及列车进（出）站</td><td>—</td></tr>
<tr><td>（10）应答：“好（了）”</td><td>（7）通过信号操作终端确认列车整列进入（通过）接车线，口呼：“×（次）到达[通过]”</td><td>—</td></tr>
<tr><td>（11）填记或确认电子行车日志</td><td>—</td><td>不能使用电子行车日志时，填写纸质行车日志</td></tr>
<tr><td>（12）对通过列车通知接车站：“×（次）、（×点）×（分）通过”，并听取复诵</td><td>—</td><td>接车站为分散自律控制模式时，此项作业省略</td></tr>
<tr><td>6.报点</td><td>（13）计算机报点系统自动向列车调度员报点</td><td>—</td><td>不能自动报点时，向列车调度员报点：“×（站）报点，×（次）、（×点）×（分）到[通过]”</td></tr>
</table>

2. 发车作业

发车作业程序和岗位作业技术要求应符合表 1–11–2 的规定。

表 1–11–2　发车作业程序和岗位作业技术要求表

作业程序		岗位作业技术要求		事项要求
程序	项目	车站值班员	信号员	
一、发车准备	1. 确认区间空闲	（1）按列车运行计划核对车次、时刻，确认列车接发顺序，根据表示灯、行车日志及各种行车表示牌，确认区间空闲	—	—
		（2）向接车站发出："×（次）预告"，并听取同意的通知	—	不需人工办理预告时，此项作业省略
	2. 发车预告	（3）填记或确认电子行车日志	—	不能使用电子行车日志时，填写纸质行车日志。 不需人工办理预告时，此项作业省略
		（4）核对进路序列中车次、方向、股道等信息正确	—	信息不符时，按有关规定办理
二、开放信号	3. 开放信号	（5）通知信号员停止影响进路的调车作业并听取报告	（1）停止影响进路的调车作业。确认停止后报告	停止调车作业时机和通知、应答、报告用语，由企业规定。无影响进路的调车作业时，此项作业省略
		（6）确认列车运行计划后，布置信号员准备进路，口呼："×（次）×道发车，设置自触[人工触发进路时：触发进路；人工排列进路时：开放信号]"；听取信号员复诵无误后，命令："执行"	（2）复诵："×（次）×道发车，设置自触[触发进路或开放信号]"	车站值班员认为需办理变通进路时，一并通知
		—	（3）核对进路序列中车次、方向、股道等信息正确	人工排列进路时，此项作业省略
		（7）确认自触设置好，口呼"正确"；听取信号员报告并确认信号开放正确，应答："×道出站信号好（了）"。 人工触发进路或人工排列进路时，确认信号正确，应答："×道出站信号好（了）"	（4）设置自触时，选中进路序列中相应车次，设置自触，设置完毕后，口呼"自触设置好"。待信号开放后，确认光带、信号显示正确，口呼："×（次）信号好（了）"。 人工触发进路时，选中进路序列中相应车次，确认弹出的提示框内容并口呼："×（次）×道发车"，设置人工触发；确认光带、信号显示正确，口呼："信号好（了）"。 人工排列进路时，口呼："×道"，点击始端按钮；需办理变通进路时，口呼："变通××"，点击相应变通按钮；口呼："出站"，点击终端按钮。确认光带、信号显示正确，口呼："信号好（了）"	"变通××"中的"××"为按钮名称
三、列车出发	4. 列车出发	—	（5）通过信号操作终端监视进路、信号及列车出站	—
		（8）列车起动后，及时通知接车站："×（次）、（×点）×（分）开"，并听取复诵	—	接车站为分散自律控制模式时，此项作业省略
		（9）填记或确认电子行车日志	—	不能使用电子行车日志时，填写纸质行车日志
	5. 报点	（10）计算机报点系统自动向列车调度员报点	—	不能自动报点时，向列车调度员报点："×（站）报点，×（次）、（×点）×（分）开"

需要时可沿此线裁成活页

1.11.3 其他要求

（1）本任务适用于200 km/h及以上铁路和200 km/h以下仅运行动车组列车铁路区段自动站间闭塞分散自律控制模式下车站操作方式设信号员的车站接发列车作业。

（2）开放信号时，执行“一看、二点击、三确认、四呼唤”及“眼看、手指、口呼”制度。眼看，看准应操纵的按钮；手指，鼠标箭头对准应确认的按钮；口呼，规定用语，吐字清晰。

（3）一端有两个及其以上列车运行方向，车站值班员布置人工排列进路时，应以线名或邻站名区别方向（“线”或“站”字可省略。分主次方向时，可只在次要方向增加线名或邻站名区分）；有两个及其以上车场或经路时，车站值班员办理预告、布置人工排列进路，应区分车场或经路。具体办法由企业规定。

任务1.12　自动站间闭塞分散自律控制模式下车站操作方式（未设信号员）

1.12.1　接发列车作业程序图

1. 接车（含通过）作业程序图

接车（含通过）作业程序应符合图1-12-1的规定。

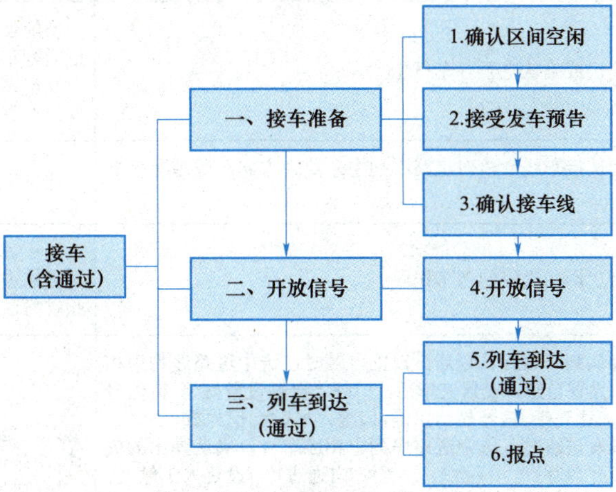

图1-12-1　接车（含通过）作业程序图

2. 发车作业程序图

发车作业程序应符合图1-12-2的规定。

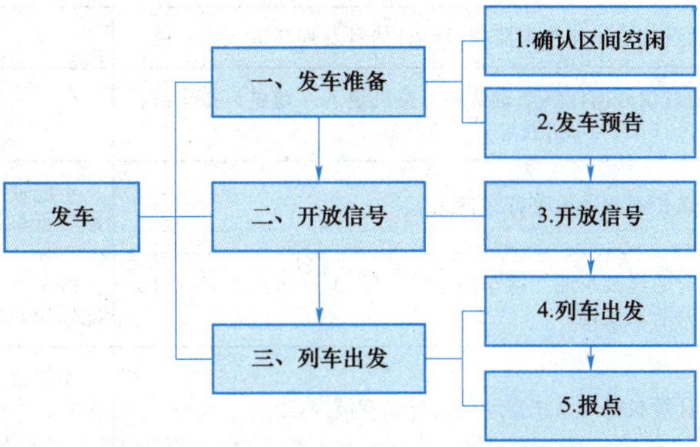

图1-12-2　发车作业程序图

1.12.2 接发列车作业程序及技术要求

1. 接车（含通过）作业

接车（含通过）作业程序和岗位作业技术要求应符合表 1–12–1 的规定。

表 1–12–1 接车（含通过）作业程序和岗位作业技术要求表

作业程序		岗位作业技术要求	事项要求
程序	项目	车站值班员	
一、接车准备	1. 确认区间空闲	（1）按列车运行计划核对车次、时刻、命令、指示（必要时与列车调度员联系），确认列车接发顺序	—
		（2）根据表示灯、行车日志及各种行车表示牌，确认区间空闲	—
	2. 接受发车预告	（3）同意预告："同意×（次）预告"	发车站不需人工办理预告时，此项作业省略
		（4）填记或确认电子行车日志	不能使用电子行车日志时，填写纸质行车日志。 发车站不需人工办理预告时，此项作业省略
	3. 确认接车线	（5）确认接车线，核对进路序列中车次、方向、股道等信息正确	信息不符时，按有关规定办理
		（6）停止影响进路的调车作业	停止调车作业时机，由企业规定。无影响进路的调车作业时，此项作业省略
二、开放信号	4. 开放信号	（7）确认列车运行计划后，设置自触时，选中进路序列中相应车次，设置自触，设置完毕后，口呼"自触设置好"。待信号开放后，确认光带、信号显示正确，口呼："×(次)信号好(了)"。 人工触发进路时，选中进路序列中相应车次，确认弹出的提示框内容并口呼："×（次）、×道停车[通过]"，设置人工触发；确认光带、信号显示正确，口呼："信号好（了）"。 人工排列进路时，口呼："进站"，点击始端按钮；需办理变通进路时，口呼："变通××"，点击相应变通按钮；口呼："×道"（正线通过时，口呼："出站"），点击终端按钮；设有延续进路时，口呼："延续××"，点击相应延续进路按钮。确认光带、信号显示正确，口呼："信号好（了）"	人工触发进路或人工排列进路时，车站值班员应确认接车线空闲。 "变通××"中的"××"为按钮名称。 "延续××"中的"××"为延续的按钮或线路名称
三、列车到达（通过）	5. 列车到达（通过）	（8）通过信号操作终端监视进路、信号及列车进（出）站	—
		（9）通过信号操作终端确认列车整列进入（通过）接车线，口呼："×（次）到达[通过]"	—
		（10）填记或确认电子行车日志	不能使用电子行车日志时，填写纸质行车日志
		（11）对通过列车通知接车站："×（次）、（×点）×（分）通过"，并听取复诵	接车站为分散自律控制模式时，此项作业省略
	6. 报点	（12）计算机报点系统自动向列车调度员报点	不能自动报点时，向列车调度员报点："×（站）报点，×（次）、（×点）×（分）到[通过]"

2. 发车作业

发车作业程序和岗位作业技术要求应符合表 1–12–2 的规定。

表 1–12–2 发车作业程序和岗位作业技术要求表

作业程序		岗位作业技术要求	事项要求
程序	项目	车站值班员	
一、发车准备	1. 确认区间空闲	（1）按列车运行计划核对车次、时刻，确认列车接发顺序，根据表示灯、行车日志及各种行车表示牌，确认区间空闲	—
		（2）向接车站发出：“×（次）预告”，并听取同意的通知	不需人工办理预告时，此项作业省略
	2. 发车预告	（3）填记或确认电子行车日志	不能使用电子行车日志时，填写纸质行车日志。 不需人工办理预告时，此项作业省略
		（4）核对进路序列中车次、方向、股道等信息正确	信息不符时，按有关规定办理
二、开放信号	3. 开放信号	（5）停止影响进路的调车作业	停止调车作业时机由企业规定。无影响进路的调车作业时，此项作业省略
		（6）确认列车运行计划后，设置自触时，选中进路序列中相应车次，设置自触，设置完毕后，口呼“自触设置好”。待信号开放后，确认光带、信号显示正确，口呼：“×（次）信号好（了）” 人工触发进路时，选中进路序列中相应车次，确认弹出的提示框内容并口呼：“×（次）、×道发车”，设置人工触发；确认光带、信号显示正确，口呼：“信号好（了）” 人工排列进路时，口呼：“×道”，点击始端按钮；需办理变通进路时，口呼：“变通××”，点击相应变通按钮；口呼：“出站”，点击终端按钮。确认光带、信号显示正确，口呼：“信号好（了）”	“变通××”中的“××”为按钮名称
三、列车出发	4. 列车出发	（7）通过信号操作终端监视信号及进路表示	—
		（8）列车起动后，及时通知接车站：“×（次）、（×点）×（分）开”，并听取复诵	接车站为分散自律控制模式时，此项作业省略
		（9）通过信号操作终端确认列车整列出站	—
		（10）填记或确认电子行车日志	不能使用电子行车日志时，填写纸质行车日志
	5. 报点	（11）计算机报点系统自动向列车调度员报点	不能自动报点时，向列车调度员报点：“×（站）报点，×（次）、（×点）×（分）开”

需要时可沿此线裁成活页

1.12.3 其他要求

（1）本任务适用于200 km/h及以上铁路和200 km/h以下仅运行动车组列车铁路区段自动站间闭塞分散自律控制模式下车站操作方式未设信号员的车站接发列车作业。

（2）开放信号时，执行“一看、二点击、三确认、四呼唤”及“眼看、手指、口呼”制度。眼看，看准应操纵的按钮；手指，鼠标箭头对准应确认的按钮；口呼，规定用语，吐字清晰。

（3）一端有两个及其以上列车运行方向，车站值班员准备进路、确认信号时，应以线名或邻站名区别方向（“线”或“站”字可省略。分主次方向时，可只在次要方向增加线名或邻站名区分）；有两个及其以上车场或经路时，车站值班员办理预告、准备进路、确认信号，应区分车场或经路。具体办法由企业规定。

需要时可沿此线裁成活页

项目 2
车机联控作业标准

任务 2.1　概　念

1. 车机联控

车机联控是车务、机务等行车有关人员使用列车无线调度通信设备，按规定联络，提示行车安全信息、确认行车要求的互控方式。

2. 呼叫人

在车机联控作业中首先进行呼叫的一方。

3. 被呼叫人

在车机联控作业中被呼叫后进行应答的一方。

4. 复诵人

在车机联控作业中被呼叫或回应（应答）后进行重复应答的一方。

需要时可沿此线裁成活页

任务 2.2　车机联控设备与作业人员

2.2.1　车机联控设备

车机联控的主要设备包括：列车无线调度通信系统的调度台、车站电台、机车电台、便携电台，铁路数字移动通信系统（GSM-R）的调度台、值班台、手持终端，通信记录装置等。

上线运行的机车、动车组、自轮运转特种设备等应装设列车无线调度通信（车载）设备，机车司机、无运转车长值乘列车的车辆乘务员及参与车机联控的有关人员应配备列车无线调度通信（便携）设备。

2.2.2　车机联控作业人员

（1）参与车机联控的人员应经过培训，能够正确使用列车无线调度通信设备，掌握车机联控的作业标准，严格按照标准作业。

（2）执行车机联控时，应使用普通话，做到用语准确、吐字清晰。

任务 2.3　车机联控要求、信息及管理

2.3.1　车机联控要求

（1）车机联控必须“站站列列、呼唤应答”（有特殊规定区段除外），做到程序规范，用语准确、清晰。

（2）车机联控用语必须使用普通话，吐字清晰、准确、有力，不准拉长音，语速要适当。联控时必须先按住话柄按键，需重复进行车机联控时，应间隔 5 s 以上。

（3）车机联控作业时，要听取对方的复诵内容是否正确。允许车站值班员、机车乘务员适当提前或主动进行车机联控，允许机车乘务员与车站人员间相互询问列车运行及组织情况，被呼叫一方须积极配合，及时通报列车运行、会让、待避等信息。

（4）行车有关人员联系作业时，能使用其他通信工具的，不得使用列车无线调度通信设备的行车频道联系作业。

2.3.2　车机联控信息及管理

车机联控信息分为重要信息和一般信息。

1. 重要信息

（1）线路不良、列车严重晃车；塌方落石或线路上有障碍物等严重危及行车安全的情况。

（2）机车车辆燃轴或配件脱落等。

（3）列车火灾或货物装载不良、坠落。

（4）列车无线调度通信设备、列控车载及地面设备、机车信号、列车运行监控装置、通信记录装置、区间通过信号机、列车尾部安全防护装置故障。

2. 一般信息

（1）作业人员未按标准用语呼唤应答。

（2）作业人员错呼错答。

（3）作业人员联控呼叫三次以上应答。

（4）铁路运输企业根据实际情况补充规定的信息。

3. 信息管理

（1）铁路运输企业要建立车机联控信息传递渠道和信息管理、考核、奖惩制度。

（2）重要信息的传递、处理、反馈不超过 24 h；一般信息的传递、处理、反馈

不超过 72 h。

4. 车机联控用语要求

（1）车机联控应逐站逐列呼唤应答，使用普通话，做到用语准确、吐字清晰。遇数字“0”“1”“2”“7”可读“dòng（洞）”“yāo（幺）”“liǎng（两）”“guǎi（拐）”。

（2）联控用语中，车次读法遵循下列要求。

① 城际列车 C××次称为：城××次。

② 动车组 D××次称为：动车××次。

③ 直达特快旅客列车 Z××次称为：客车直××次。

④ 特快旅客列车 T××次称为：客车特××次。

⑤ 快速旅客列车 K××次称为：客车快××次。

⑥ 管内快速旅客列车 N××次称为：客车内××次。

⑦ 普通旅客列车××次称为；客车××次。

⑧ 临时旅客列车 L××次称为：客车临××次。

⑨ 临时旅客列车 A××次称为：客车诶（读音为“ēi”）××次。

⑩ 旅游列车 Y××次称为：客车游××次。

⑪ 动车组检测列车 DJ××次称为；动检××次。

⑫ 回送客车底 0××次称为：零××次。

⑬ 行包列车 X××次称为：行××次。

⑭ 货物列车称为：××次。

5. 接发车主动呼叫司机

（1）动车组及动车组检测列车接车。

（2）列车临时机外停车。

（3）通过列车变为停车。

（4）旅客列车变更固定接车线路。

（5）列车直进侧出（固定径路除外）。

（6）车站引导接车。

（7）列车通过，出站反方向行车。

（8）站内或区间限速。

任务 2.4　车机联控标准

2.4.1　正常情况接车

1. 呼叫时机

自动闭塞区段，列车接近通过信号机（三显示区段为第一接近，四显示区段为第二接近）或规定的呼叫点；半自动闭塞区段（双线反方向行车时），列车在规定的呼叫点；车场信号楼加入联控时，列车接近车场前。

列车司机：××（站）[场]××（次）接近。

车站值班员：××（次）××（站）[场]×道通过[停车]。

列车司机：××（次）×道通过[停车]，司机明白。

2. 注意事项

（1）有 2 个及以上运行方向的车站，列车通过时车站值班员应在联控用语后增加“去××方向”；列车接近时，如司机能判明方向，应在联控用语后增加“去××方向”（图定停车站除外）。两线、多线区间，车站值班员应在联控用语后增加“经××线运行”。

（2）双线区段有反方向闭塞设备的车站，列车在临近规定的呼叫地点时，司机应主动呼叫车站“××（站）[场]××（次）反方向接近”。

（3）车场不参与车机联控时，由车站直接通知司机各场停车或通过股道。如“××（次）××（场）×道通过、××（场）×道停车”等。

（4）在四显示区段列车压上第三接近区段、三显示区段压上第二接近区段轨道电路、半自动或自动站区段列车压上接近区段时，司机未按规定联控时，车站应主动呼叫司机。

（5）万吨、百辆列车司机至少提前 3 个闭塞分区进行车机联控。

（6）影响联锁关系且计划中影响范围栏明确注明“需确认道岔位置联控”的施工、维修作业结束后，对通过施工、维修地点的第一趟列车，车站值班员（应急值守人员）在正常车机联控用语后增加：“施工地点，注意确认”的提示（施工开通后首列、第二列等下达调度命令时除外）。

2.4.2　正常情况发车

1. 呼叫时机

列车站内停车再开或列车始发时，信号开放后。

（1）旅客列车除外列车发车。

车站值班员：××（次）×道发车进路[出站]信号好（了），××（场）×道停车[通过]。

列车司机：××（次）×道发车进路[出站]信号好（了），××（场）×道停车[通过]，司机明白。

（2）动车组以旅客列车发车。

列车司机：××（站）客车××（次）询问进路。

车站值班员：××（次）×道发车进路[出站]信号好（了），××（场）×道停车[通过]，司机明白。

2. 注意事项

（1）有 2 个及以上运行方向的车站，联控用语后增加“去××方向”。

（2）两线、多线区间，车站值班员联控用语后增加“经××线运行”。

（3）发车作业经过不参与车机联控的车场时，车站值班员联控用语后增加“××（场）×道停车[通过]”。

3. 利用无线调度通信设备发车作业

车站值班（助理）员：××（次）司机×道发车。

列车司机：××（次）×道发车，司机明白。

注意事项：通信记录装置作用良好，动车组以外的列车（办理旅客乘降业务的旅客、路用列车除外），发车条件具备后。

4. 停车列车未整列进入接车线

呼叫时机：列车进站停车后未整列进入接车线内时。

车站值班（助理）员：××（次）尾部压标，向前移动。

列车司机：××（次）尾部压标司机明白。

5. 列车简略试验、确认列车制动主管贯通作业（挂有列尾且作用良好）

挂有列尾且作用良好的列车，车站值班员可根据需要时机，在未开放出站（进路）信号机前，组织列车简略试验、确认列车制动主管贯通作业。

车站值班员：××（次）司机，简略试验[确认贯通]。

列车司机：××（次）简略试验[确认贯通]，司机明白。

注意事项：

（1）途中停车站司机按实际停车时间掌握简略试验或确认贯通，当司机掌握与车站值班员通知不一致时，以司机掌握为准；

（2）列车尾部安全距离不足时，司机不得缓解列车，经车站值班员准许后方可缓解。

2.4.3 非正常行车联控用语

1. 反方向发车作业

呼叫时机：反方向发车进路准备妥当后。

车站值班员：××（次）×道出站信号好（了），反方向运行。

列车司机：××（次）×道出站信号好（了），反方向运行，司机明白。

2. 使用行车凭证发车作业

（1）站内发车向司机递交凭证。

呼叫时机：发车进路准备妥当，行车凭证交付给司机后。

车站值班员：××（次）×道使用××发车进路好了[反方向运行]。

列车司机：××（次），×道使用××发车进路好了[反方向运行]，司机明白。

注：使用调度命令反方向进入区间救援时，联控用语须执行本条款。

（2）通过列车不递交行车凭证。

呼叫时机：在列车无线调度通信设备和车站通信记录装置作用良好情况下，通过列车接近前。

车站值班员：××（次），××（站）×道通过[反方向运行] [侧向出站限速××公里]，路票电话记录×号[绿色许可证编号×号、半自动闭塞发车进路通知书×号]，注意手信号。

列车司机：××（次），××（站）×道通过[反方向运行][侧向出站限速××公里]，路票电话记录×号[绿色许可证编号×号、半自动闭塞发车进路通知书×号]，注意手信号，司机明白。

注：执行施工特定行车办法时，车站值班员应将调度命令号通知司机。

（3）引导接车并通过不递交行车凭证。

呼叫时机：在列车无线调度通信设备和车站通信记录装置作用良好的情况下，通过列车接近前。

车站值班员：××（次），××（站）[特定]引导接车，×道通过[反方向运行]，路票电话记录×号[绿色许可证编号×号、半自动闭塞发车进路通知书×号，调度命令×号]，注意[特定]引导[手]信号。

列车司机：××（次），[特定]引导接车，×道通过[反方向运行]，路票电话记录×号[绿色许可证编号×号、半自动闭塞发车进路通知书×号，调度命令×号]，注意[特定]引导[手] 信号，司机明白。

注：执行施工特定行车办法时，车站值班员应将调度命令号通知司机。

（4）站内或区间限速接发车作业。

呼叫时机：列车接近车站或发车前。

车站值班员：××（次）××（站）×道停车[通过] [出站（发车进路）信号好（了）]站内限速××公里[区间××公里××米，限速××公里]。

列车司机：××（次）××（站）×道停车[通过] [出站（发车进路）信号好（了）]站内限速××公里[区间××公里××米，限速××公里]，司机明白。

注：① 区间××公里××米是指列车运行方向限速起点。

② 站内、区间均有限速，应分别联控为“站内限速××公里，区间××公里××米限速××公里”。

③ 同一限速地段包含站内和区间时，联控用语为“站内至区间限速××公里”。

④ 列车的发车、通过站联控范围为站内及发车方向区间限速，列车的停车站联

需要时可沿此线裁成活页

控范围为本站站内。

⑤ 旅客列车停车再开或始发时，运行前方限速在司机询问进路后联控。

⑥ 遇列车进路上站内有两处及以上限速时，联控最低限速（道岔限速不在该联控范围内）；区间有两处及以上限速时，分别进行联控。

⑦ 当线路临时限速高于列车最高限速时，可不联控。

⑧ 司机出乘前未发布运行揭示调度命令的临时站内、区间限速，递交调度命令站按规定核对调度命令。

3. 车站取消发车进路作业

呼叫时机：车站值班员需取消发车进路时。

车站值班员：××（次）××（站）取消×道发车进路。

列车司机：如列车尚未起动，司机不准起动列车并回答：××（站）取消×道发车进路，司机明白。

助理值班员：助理值班员听到司机复诵后回答：助理值班员明白。

注：如列车已起动，司机应立即回答“××（次）已起动”。车站值班员听到列车已起动的回答后，在确保安全的情况下指示司机停车或继续运行。

4. 列车临时机外停车

呼叫时机：列车机外停车再开，信号开放后。

车站值班员：××（次）进站（接车进路）信号好（了），×道通过[停车]。

列车司机：××（次） 进站（接车进路）信号好（了），×道通过[停车]，司机明白。

2.4.4 调车联控用语

1. 集中区调车作业通报进路（执行“三方控”时除外）

（1）呼叫时机：集中区调车信号开放后。

（2）联控用语：××（次）[××号机车，×调]，×道[线]去×道[线]调车信号[进路]好（了）。

（3）用语说明。

① 由×道[线]经空线走行去×道[线]时的联控用语：××（次）[××号机车，×调]，×道[线]经×道[线]去×道[线]调车信号[进路]好（了）。

② 转场作业用语：××（次）[××号机车，×调]，×场×道[线]去×场×道[线]调车信号[进路]好（了），经由股道或线路时，须联控经由股道或线路。

③ 全部以调车信号锁闭调车进路的用语为“…调车信号好（了）”；锁闭的调车进路有部分进路使用道岔单锁或只有光带锁闭无调车信号时用语为“…调车进路好（了）”，如原路返回、压信号折返等情况。

④ 司机没有书面调车作业计划时，调车作业前车站值班员应通知司机作业目的。如“经×场×道入库[挂头]”等。

⑤ 向列检正在作业的线路放行机车（车列）时，如列检作业已安设脱轨器，应在联控用语后加“注意脱轨器”；如列检作业未安设脱轨器，应在联控用语后加“列

检正在作业”进行提示。

⑥ 去有车线临时停留时，联控用语为：××（次）[××号机车，×调]，×道[线]去×道[线]有车线调车信号[进路]好（了）。

2. 牵引作业与推进作业的异同

牵引作业与推进作业的共同点为主动呼叫方均为车站值班员，主要区别在于被呼叫人和复诵人。牵引作业时，呼叫对象为司机，调车长作为复检方进行复诵。推进作业时，呼叫对象为领车人员，调车指挥人和司机作为联控复检方进行复诵。

需要时可沿此线裁成活页

扫描二维码，
查看项目 3 彩色版电子文件

项目 3
设备特性

任务3.1 电 码 化

3.1.1 实施电码化的目的

站内轨道电路的制式有：25 Hz 相敏轨道电路、50 Hz 交流轨道电路（480）、移频轨道电路。区间轨道电路制式有：交流计数轨道电路、移频轨道电路（4 信息、8 信息、18 信息）、UM71 无绝缘移频轨道电路及 ZPW2000 系列无绝缘移频轨道电路。

机车运行时，在站内需要接收与区间相同的信息。当站内轨道电路与区间轨道电路不同时，机车进站后接收不到移频信息，机车信号无法工作，会造成紧急制动。因此，机车在区间和站内运行时，为使机车信号可靠工作，可采用两种方法：一种是区间和站内轨道电路相同（一体化轨道电路）；另一种是在原有站内轨道电路的基础上实现电码化。

3.1.2 电码化方式

站内电码化有切换和叠加两种方式。

1. 切换方式

切换方式为站内轨道电路信息与区间轨道电路信息不能同时向轨道发送，即列车在站内占用本区段时，本区段转为发送电码化信息，列车占用下 相邻轨道电路区段后恢复原轨道电路，实现原轨道电路和电码化电路切换使用。此种方式存在着在某些正常调车作业或列车折返时已电码化的股道其轨道电路不能自动恢复的缺点，须车站值班员破封按下复原按钮。

2. 叠加方式

叠加方式为站内轨道电路信息与区间轨道电路信息能同时向轨道发送，即列车在站内占用本区段时，本区段轨道电路和电码化电路同时起作用，列车占用下一相邻轨道电路区段后恢复原轨道电路，实现原轨道电路和电码化电路叠加起来使用。

3.1.3 电码化设备制式

目前全局电码化设备按制式可以分为交流计数电码化和移频电码化两大类别。

1. 交流计数电码化制式

交流计数电码化制式属淘汰型设备，但目前在全局仍有车站运用。

需要时可沿此线裁成活页

发码设备与轨道电路是切换关系，如果在车已出清后发码电路因故仍未复原，就会影响轨道电路工作，产生红光带（个别股道也会出现闪红光带的现象），因此在控制台对应每条股道设有股道发码表示灯和股道恢复按钮。股道发码表示灯常态灭灯，当点亮红灯时表示对应股道的电码化设备处于启动状态；股道恢复按钮为自复式按钮，按压后可使对应股道（进路）的电码化发码电路复原。

2. 移频电码化制式

移频电码化制式具体包括 ZPW–2000 移频系列制式、UM–71 移频制式等。

发码设备与轨道电路是叠加关系，因此电码化电路不会对轨道电路造成影响，控制台不需要设置股道发码表示灯和股道恢复按钮，也不需要进行人工复原操作。

3.1.4 电码化设置范围

1. 自动闭塞区段

1）正线

（1）正线正方向，电码化范围包括接车进路和发车进路。

（2）正线反方向，一般均采用自动站间闭塞，电码化范围只包括接车进路；若亦采用自动闭塞，则包括接车进路和发车进路。

2）侧线

侧线电码化范围仅仅是股道。

这是因为正线电码化要求咽喉区道岔绝缘设在弯股，侧线轨道电路电码化通路被切断，无法实现。

2. 半自动闭塞或自动站间闭塞区段

站内电码化范围只包括正线接车进路和侧线股道，以及车站进站信号机外方或线路所通过信号机外方的接近区段，如图 3–1–1 所示。

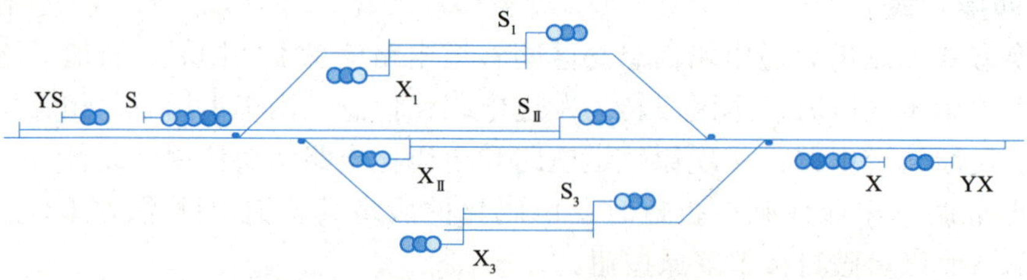

图 3–1–1 半自动闭塞或自动站间闭塞区段站内电码化范围

3. 无岔区段

集中联锁车站内，除进站信号机外其他列车信号机外方的无岔区段。

3.1.5 站内电码化发送的信息

对于接车进路和侧线股道，站内电码化发送的是和本股道同方向出站信号机显示相关的信息。对于发车进路，站内电码化发送的是和同方向防护二离去区段的通过信号机显示相关的信息。对于半自动闭塞或自动站间闭塞区段，车站进站信号机外方或线路所通过信号机外方的接近区段，站内电码化发送的是和该进站信号机或线路所通过信号机相关的信息。

3.1.6 电码化设备分类说明

1. 交流计数电码化设备

1）正线电码化电路动作过程

（1）经道岔直向的接车进路。

① 发码。进站（进路）信号开放（引导信号除外），列车占用进站（进路）信号机内方第一个区段，此时电码化电路工作，控制台对应接车股道的发码表示灯亮红灯，进站（进路）信号机内方第一个区段发码（说明：部分车站在信号开放后发码表示灯就点亮红灯，但区段不占用则不发码）。列车继续运行至占用下一区段，发码也转至列车后占用的区段，原发码区段停止发码，直至列车占用股道区段，发码也转至相应股道，在此过程中，控制台对应接车股道的发码表示灯持续点亮红灯。

② 正常复原。当列车继续运行，越过开放的出站（进路）信号机，占用下一区段时，电码化自动复原，控制台上对应接车股道的发码表示灯自动熄灭。

③ 调车复原。当列车进入股道后，不再继续前行，而是按原运行方向调车牵出或摘头作业时，当原运行方向的出站兼调车信号机开放调车信号后，电码化自动复原，控制台上对应接车股道的发码表示灯自动熄灭。

（2）自动闭塞区段直向发车进路。

交流计数电码化不存在此种情况。

2）侧线（到发线）电码化动作过程

（1）经道岔侧向的接车进路中的股道区段。

① 发码。进站（进路）信号开放（引导信号除外），列车顺序占用进路内各个区段，直至列车占用股道区段时，此时电码化电路工作，控制台对应接车股道的发码表示灯亮红灯（说明：部分车站在列车占用与股道相邻的区段时发码表示灯就点亮红灯，但不占用股道则不发码）。

② 正常复原。当列车继续运行，越过开放的出站（进路）信号机，占用下一区段时，电码化自动复原，控制台上对应接车股道的发码表示灯自动熄灭。

③ 调车复原。当列车进入股道后，不再继续前行，而是按原运行方向调车牵出或摘头作业时，当原运行方向的出站兼调车信号机开放调车信号后，电码化自动复原，控制台上对应接车股道的发码表示灯自动熄灭。

（2）到发线的股道区段组成列车。

① 发码。到发线的股道区段组成列车时，由于没有开放列车信号接车进入股道的过程，因此电码化尚未启动。但当发车进路准备完毕，出站（进路）信号开放后，该股道电码化电路工作，在开放的出站信号机一侧向机车发码，控制台对应接车股道的发码表示灯亮红灯。

② 正常复原。当列车发出，越过开放的出站（进路）信号机，占用下一区段时，电码化自动复原，控制台上对应接车股道的发码表示灯自动熄灭。

需要时可沿此线裁成活页

3）列车信号机外方的接近区段（无岔区段）电码化动作过程

当列车进入接近区段时发码，全部出清接近区段时终止发码、设备复原。

4）特殊情况分析及处置方法案例

（1）电码化因故不能复原，影响轨道电路工作的情况。

① 列车到达股道后，除正常开放信号条件下的原运行方向发车或调车作业外，其他所有使该股道空闲的作业，均不能使电码化电路复原，此时必须进行按压对应股道恢复按钮的操作，使股道发码表示灯熄灭，电码化电路复原。

② 交流计数电码化在运用中会偶然出现列车过后电码化不复原、进路内遗留红光带（或股道闪红光带）的情况，此时必须进行按压对应股道恢复按钮的操作，使股道发码表示灯熄灭，电码化电路复原，红光带消除。

③ 由于股道发码表示灯是单灯泡，平时不点亮，灯泡断丝没有报警，因此可能出现应点亮红灯而没有点亮的情况，车务人员日常在办理接发车作业时应注意观察，发现未正常点亮时及时通知电务人员修复。由此，当发生第②项所述现象时，即使对应的股道发码表示灯没有点亮，也建议首先进行按压对应股道恢复按钮的操作予以排除，如红光带消除，则为电码化电路未复原所致，否则再按规定程序办理。

④ 轨道停电恢复后，若出现进路内轨道区段红光带或未办理进路的股道红光带（或闪红光带）的现象，应进行按压对应股道恢复按钮的操作，使股道发码表示灯熄灭，电码化电路复原。

⑤ 当办理超长列车侧线通过时，列车通过后，电码化不能正常复原，控制台遗留红光带（或闪红光带）的现象，发码表示灯点亮，应进行按压对应股道恢复按钮的操作，使股道发码表示灯熄灭，电码化电路复原。

（2）原电码化未复原，影响后续进路电码化工作的情况。

列车到达股道后，如果不再继续前行，也未在继续前行方向进行牵出调车作业，而是直接办理折返发车作业，此时由于原电码化未复原，相当于在新的进路的列车尾部发码，将会导致新建立进路发车方向机车不上码。

正确的操作方法是：列车到达股道后，如果不再继续前行，而是直接办理折返发车作业，应首先按压该股道的股道恢复按钮，待发码表示灯熄灭后，再开放折返方向的发车信号。

（3）错误办理导致电码化不能正常工作的情况。

① 列车进入股道、未越过已开放的出站（进路）信号机前，或到发线的股道区段组成列车并开放发车信号后，不准开放同股道另一方向的出站信号机和该股道上的任何调车信号机，否则可能造成正在运行的列车收不到电码化信息。

② 列车进入股道停车，在没有完全停稳之前，不准开放同股道另一方向的出站信号机和该股道上的任何调车信号机，否则可能造成正在运行的列车收不到电码化信息。

③ 到发线的股道区段组成列车，在开放发车信号前，应保证该股道另一方向的出站信号或调车信号没有开放，否则可能造成机车收不到电码化信息。

④ 到发线的股道区段组成列车，并开放发车信号后，因故取消原发车进路，改

为反方向发车时，应在取消原发车进路后按压该股道的股道恢复按钮，待发码表示灯熄灭后，再开放折返方向的发车信号。

⑤ 在有中间出岔的到发线进行调车作业结束后，中间出岔处的调车信号仍处于开放状态时排列了该股道的发车进路，此时出站信号机能正常开放，但该股道的电码化设备不能发码，造成机车收不到电码化信息。正确的操作方法是：在建立发车进路前，先将该股道处于开放状态的中间出岔的调车信号关闭后再排列发车进路，以保证电码化正常工作。

2. 移频电码化设备

错误办理导致电码化不能正常工作的情况分析及处置方法如下。

（1）列车进入股道、未越过已开放的出站（进路）信号机前，或到发线的股道区段组成列车并开放发车信号后，不准开放同股道另一方向的出站信号机，否则可能造成正在运行的列车收不到电码化信息。

（2）列车进入股道停车，在没有完全停稳之前，不准开放同股道另一方向的出站信号机，否则可能造成正在运行的列车收不到电码化信息。

（3）到发线的股道区段组成列车，在开放发车信号前，应保证该股道另一方向的出站信号没有开放，否则可能造成机车收不到电码化信息。

（4）列车进入股道、未越过已开放的出站（进路）信号机前，或到发线的股道区段组成列车并开放发车信号后，如果需要取消已开放的出站（进路）信号，改为另一方向发车，必须将原出站（进路）信号机关闭并且待发车进路全部解锁后才能开放另一方向的出站（进路）信号机，否则可能造成列车收到错误的电码化信息。

任务 3.2 中 岔

连接在到发线中间的道岔叫中间道岔，也称中岔或腰岔，如图 3-2-1 的中 7 号道岔。

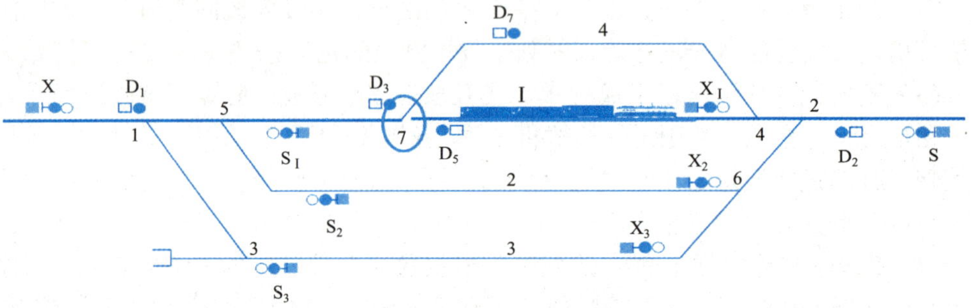

图 3-2-1 中岔

3.2.1 接车

（1）办理接车进路时，中岔应自动转换到规定位置并锁闭后，信号才能开放。

（2）当防护中岔的调车信号开放时，向该到发线的接车进路不得建立。

（3）接车时中岔的解锁时机。

① 接车时，列车全部进入到发线并按顺序通过中岔区段，中岔应自动解锁。

② 接车时，列车全部进入到发线，但未压入中岔区段，中岔需 3 min 后才能解锁，如图 3-2-2 所示。

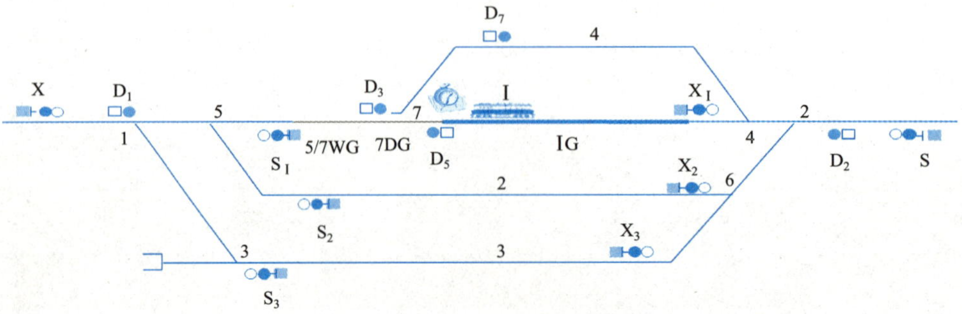

图 3-2-2 接车未压入中岔区段时中岔解锁时机

③ 接车时，列车压上中岔区段停车后，中岔不得解锁，待列车出清后自动解锁；对于计算机联锁设备中岔经 3 min 延时并在列车出清后自动解锁。计算机联锁的规定是为了防止列车尚未压上中岔区段，此时处于延时期间，中岔不会解锁，若中岔区段瞬间红光带并恢复（故障或其他原因），就会导致出现列车已经驶入中岔区段并出清的假象，造成迎面解锁进路，因此即使计算机判定列车驶入中岔区段，也要增加 3 min 延时才能解锁，以消除误判可能带来的危险。

④ 取消进路或人工解锁进路时，中岔随进路解锁而解锁（6502 设备必须在咽喉区道岔区段解锁，即白光带消失 3 s 后才能解锁）。6502 设备中岔电路独立于基本进路，其解锁电路也独立于基本进路的解锁电路，这样就需要在两者间建立起逻辑联系，以免中岔先于基本进路解锁，所以需要 3 s，而计算机联锁无此问题，逻辑上中岔区段与基本进路中各道岔区段是一体的，可以做到同时解锁。

对于 6502 设备，当向中间出岔股道排列接车进路后，如需变更其他股道接车时，在取消接车进路后，不能立即排列同咽喉其他接发车进路，需等待中岔解锁（光带消失 3 s）后，方可排列其他进路。否则再向中岔股道接车时，进站信号、进路式引导均无法使用，但能用引导总锁闭开放引导信号。

3.2.2　发车

（1）办理发车进路时，中岔应自动转换到规定位置并锁闭后，信号才能开放。

（2）出站信号机与防护中岔的调车信号机不敌对，允许同时开放。

交流计数电码化车站，线路上有发码器，中岔线路上发车，发车进路末端调号要关闭，否则机车收不到电码，排风制动。

（3）发车时中岔的解锁时机。

① 列车全部出清到发线，中岔立即解锁。

② 无岔区有车停留，列车出清出站信号机内方第一区段后，中岔才解锁。列车出清 4DG 轨道区段后 7 号道岔才能解锁，如图 3-2-3 所示。

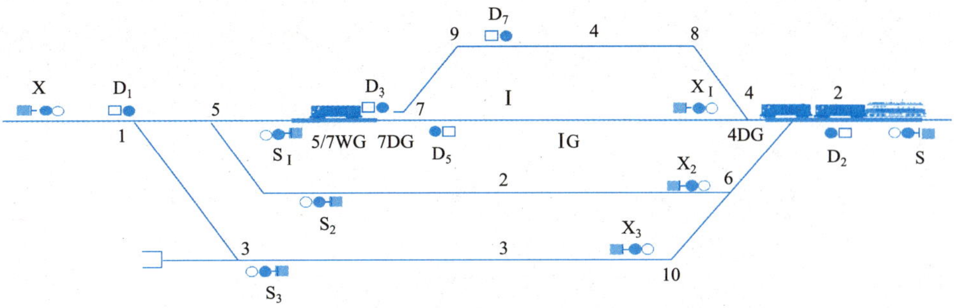

图 3-2-3　发车无岔区有车停留时中岔解锁时机

③ 取消或人工解锁进路时，中岔和发车进路同时解锁（6502 设备人工解锁进路时，中岔在出站信号机内方第一轨道区段解锁后才能解锁）。当中岔区段有车占用时，应处于区段锁闭状态。

需要时可沿此线裁成活页

3.2.3 调车

（1）包括中岔区段在内的长调车进路须分段办理。

（2）中岔将到发线分为两个无岔区段，一般不允许由两个方向同时向无岔区段调车，按照运营要求，若无岔区段 IG 足够长，而且又有实际需要时，也可允许同时向无岔区段内调车。

任务 3.3 延续进路

当进站信号机外方列车制动距离内，进站方向为超过 6‰下坡道时，原则上要设计接车进路的延续进路，以防止列车进站后停不住而闯入另一咽喉引起行车事故。所谓延续进路，就是在沿下坡道方向办理接车进路时，必须将原接车进路延长至适当地点，其延长部分即为延续进路，如图 3-3-1 所示。延续进路终端可以是另一咽喉的安全线上的车挡、牵出线尽头、专用线、车站接发车口处的进站信号机或站界标等。办理进路时，只有在延续进路与接车进路都锁闭的情况下才能使进站信号机开放。

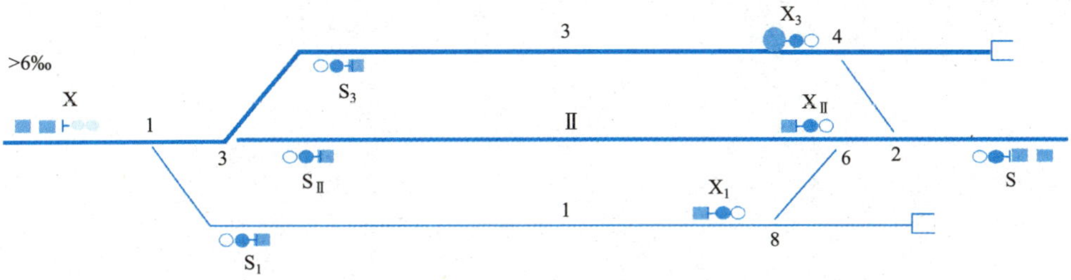

图 3-3-1　延续进路

1. 延续进路的办理

延续进路的路径可通向安全线、牵出线、专用线或车站的进出口。延续进路的选用，由车站值班员考虑与其他进路彼此隔开不影响平行作业等因素后确定。接车进路及其延续进路属于两个咽喉区的进路，因此必须在两个咽喉都未选其他进路的情况下，才能办理带延续进路的接车进路。办理接车进路时，须按压三个按钮：进站信号机处始端按钮、接车股道终端按钮及另一个咽喉延续进路终端按钮。

2、延续进路列车压入延时解锁的时机

排列进路后进站信号机开放，延续进路显示白光带，延续进路的始端信号机不能开放，当补按压延续进路的始端的出发信号机列车按钮时，出站信号机开放（闭塞条件满足的情况下）。当延续进路上轨道电路红光带时、道岔位置不正确时，不能排列出来以其为延续进路的进路。排列延续接车后，延续进路显示白光带，进站信号机已经开放，此时延续进路上轨道电路红光带不影响进站信号继续开放，如果延续进路上道岔没表示，则进站信号故障关闭。

3. 取消延续进路操作

排列带有延续进路的接车进路后，需取消延续进路时，应该先取消接车进路，再使用总取消加延续进路的始端按钮的方法取消延续进路白光带。

4. 延时解锁功能

正常解锁时，列车压入股道时开始计时，3 min 后延续进路自动解锁，在 3 min 时间内车务人员可以直接补按压延续进路始端按钮，开放出站信号机，期间需要解锁延续进路时要破封使用坡道解锁按钮解锁进路。出站信号机开放后不能再使用坡道解锁按钮取消白光带。列车已进站但未压上股道前，延续进路无法解锁，若列车在咽喉岔区尚未压入股道时机车车辆故障无法运行，延续进路始终无法解锁。

5. 注意事项

引导接车时不检查延续进路条件。因为引导接车规定，进站列车以不超过 20 km/h 的速度进站，并随时准备停车。

任务 3.4 防护、带动道岔

3.4.1 防护道岔

1. 防护道岔的概念

防护道岔是能够防止车列由其他线路进入已排好或已占用线路的进路外道岔。

2. 防护道岔的作用

防护道岔的作用是保证列车运行安全。为了防止侧面冲突，需要将不在所排进路上的道岔置于防护位置并予以锁闭。

3. 防护道岔的设置

（1）设在有超过 6‰下坡道的进站口：其进站内方第一组道岔设计为防护道岔，此防护道岔定位可开向特别用途线或专用线等，如图 3-4-1 所示。

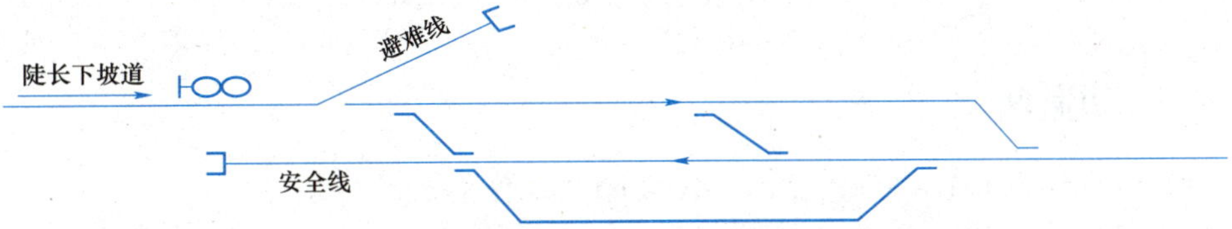

图 3-4-1　有超过 6‰下坡道进站口处防护道岔的设置

（2）设在有超过 6‰下坡道的延续进路终端：为防止列车进入站内制动不及冲出出站信号机，闯入其他进路，设防护道岔，其防护道岔定位可开通特别用途线、专用线、对向的进路口、顺向出站口等（此道岔为电路带动），如图 3-4-2 所示。

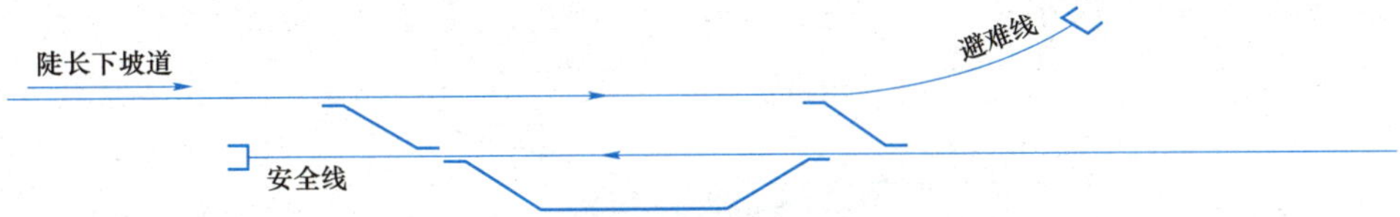

图 3-4-2　有超过 6‰下坡道延续进路终端处防护道岔的设置

（3）设在有超过 6‰下坡道的延续进路终端：设有平动防护道岔，此道岔操纵不是电路带动，而是由人工操纵，但此道岔在 6‰接车进路中仍检查其位置，此类道岔一般处于外显示延续进路终端，定位开通没有显示延续进路（外显示延续进路为只能看到接车进路光带及信号，看不到延续进路光带）。

需要时可沿此线裁成活页

（4）在接有专用线及经常处于繁忙调车作业的调车线、牵出线在接入站线及正线的接口部分：其道岔设计为防护道岔，以避免调车作用中调车车列调入站内线路，其防护道岔防护定位一般开向专设的安全线或调车车列牵出线、走行线等），如图 3–4–3 所示。

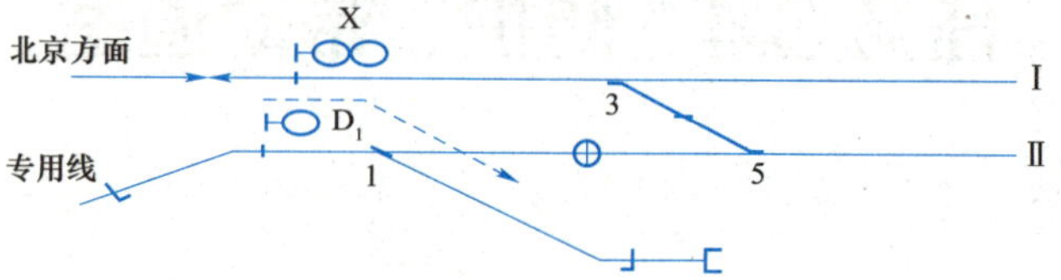

图 3–4–3　繁忙调车作业的牵出线与正线接口处防护道岔的设置

（5）经由交叉渡线的两组双动道岔，设计为互检防护道岔，其中一组在反位排列进路时另一组必须防护在定位，目的为避免一组道岔在反位时，另一组道岔也排列反位进路，而致使在交叉渡线处形成“十”字冲撞，另一组的是溜车时在交叉渡线处侧冲过程中可就、缓冲侧冲力度，减小侧冲损失，如图 3–4–4 所示。

图 3–4–4　交叉渡线处防护道岔的设置

3.4.2　带动道岔

（1）带动道岔是在排列进路时，需要随之动作的进路外的道岔。

（2）设置带动道岔的目的是提高作业效率。为满足平行作业的需要，在排列进路时，把某些不在进路上的道岔带动到规定位置，并对其实行锁闭。

（3）带动道岔一般设于含有两组以上道岔的同一道岔轨道电路区段，尤其是可构成平行进路的双动道岔；不在同一道岔区段的道岔，只要是在排列一条进路后，能锁闭另一条平行进路的有关道岔，其处于“双锁”状态且又不在本进路中检查的道岔，如图 3–4–5 所示。

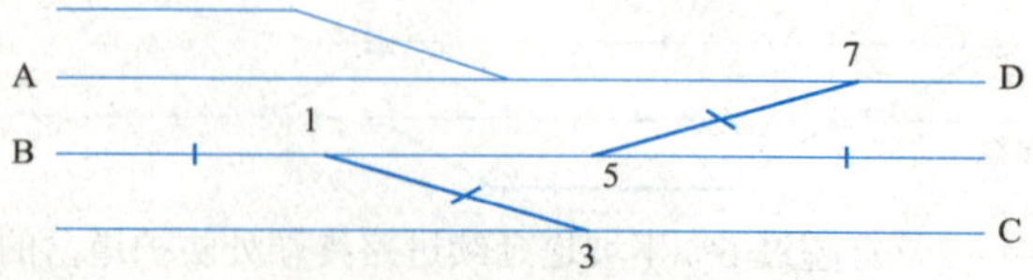

图 3–4–5　带动道岔的设置

3.4.3　防护道岔与带动道岔联锁条件不同

防护道岔、带动道岔均为进路外道岔。

（1）防护道岔：防护道岔要带动到位、检查表示并锁闭到指定位置，与所排进路有联锁关系，防护道岔不在规定防护位置时进路不能建立。防护道岔在联锁图表中用“[ ]”表示，比如：需要将 5/7 号道岔带动，需要带动到定位时表示为“[5/7]”，如果是需要带动到反位则表示为“[（5/7）]”。

（2）带动道岔：带动道岔只带动、锁闭，不检查，与所排进路没有联锁关系，进路在排列过程中即使带动道岔不在规定位置也可照样建立进路开放信号。带动道岔在联锁图表中用“{ }”表示，比如：需要将 5/7 号道岔带动，需要带动到定位时表示为“{5/7}”，如果是需要带动到反位则表示为“{（5/7）}”。带不动时在所在位置锁闭。

3.4.4　防护道岔与带动道岔故障后影响不同

（1）防护道岔：防护道岔失去表示时，只能采用引导总锁闭方式开放引导信号，已开放的信号应关闭。

（2）带动道岔：带动道岔失去表示时，不影响进路排列和信号开放，已开放的信号不应关闭。

3.4.5　案例

1. 设备表象

设备表象如图 3-4-6 所示。

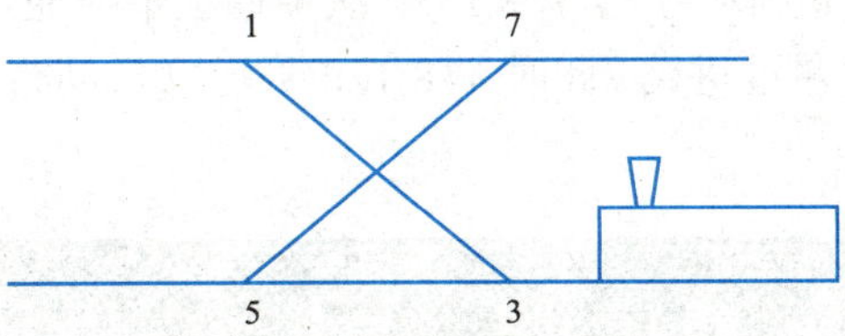

图 3-4-6　设备表象

正常情况下，排列经 1/3（5/7）号道岔反位进路时，另一条交叉进路上的 5/7（1/3）号道岔自动带向定位，进路及占用表示正常；当 1/3（5/7）号道岔处在反位状态时，如果单操 5/7（1/3）号道岔至反位准备进路，1/3（5/7）号道岔不能自动带动到定位，形成四组道岔均在反位状态。如果站在非正常人工准备进路的角度，即同时形成两条交叉的敌对进路。

当机车车辆占用上图 3 号或 5 号道岔岔前绝缘时，设备将显示  形状的红光带，占用 1 号或 7 号道岔岔前绝缘时，将会出现  形状的红光带；继续运行占用岔后绝缘时将会出现  形状的红光带。

如果非占用的一组道岔在定位状态，则设备占用表示正常。

2. 案例描述

（1）问题概况。

2017 年 6 月 1 日 0 时 47 分，通辽北站 114/116 号道岔区段无机车车辆占用着红光带。1 时 50 分电务销记设备正常，1 时 51 分工务销记设备正常，影响 N45576、N44081、H89731 次晚点。

（2）作业过程。

通辽北站执行第 2 号调车作业计划，5 道单机北，8 道+1，粮 1+5，粮 2+15，11 道+19，9 道-40。0 时 19 分，作业至 11 道+19 时，推进车辆与停留车挂妥后车列未进入 11 道内方，如图 3-4-7 所示。

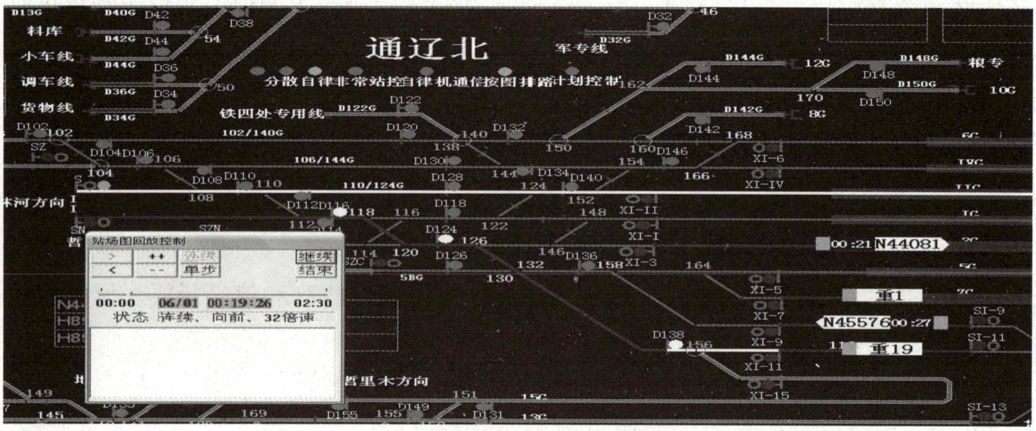

图 3-4-7 作业过程 1

0 时 30 分调车长申请原路返，信号员告知停止调车作业待客车 K1381 次通过后再牵出。0 时 41 分信号员排列了客车 K1381 次由通霍单线通辽方向→IV 道→114/116 道岔反位→哲理木 B 线通过进路。此时 118/120 号道岔自动带动至定位，如图 3-4-8 所示。

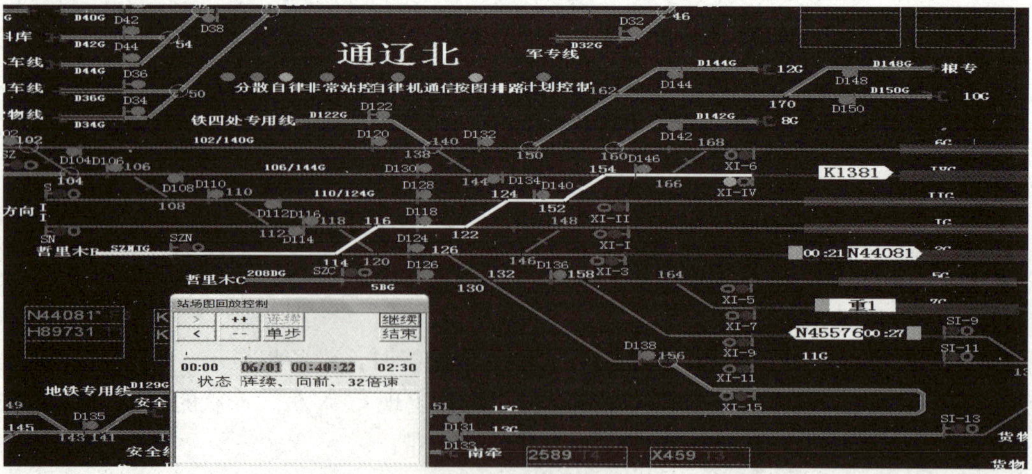

图 3-4-8 作业过程 2

0 时 44 分，客车 K1381 次通过后信号员单操 118/120 反位并对进路道岔全部进行加锁，确认无信号折返进路正确后与调车长联控。此时 114/116 号道岔仍在反位，如图 3-4-9 所示。

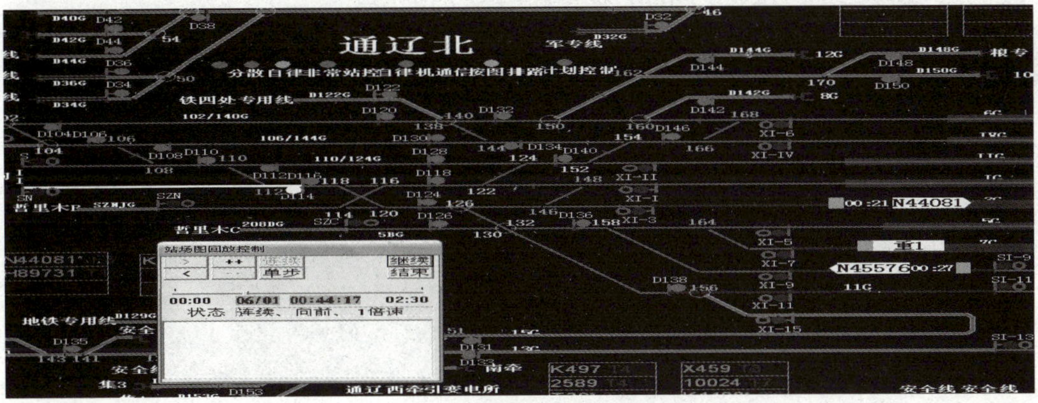

图 3-4-9　作业过程 3

调车长显示起动信号，调车车列牵出过程中，信号员发现先出现 114 号和 120 号道岔反位红光带，继而出现 114/116/118/120 整个道岔区段均红光带，立即喊停调车车列。0 时 47 分机车停于 118 号道岔岔后，如图 3-4-10 和图 3-4-11 所示。

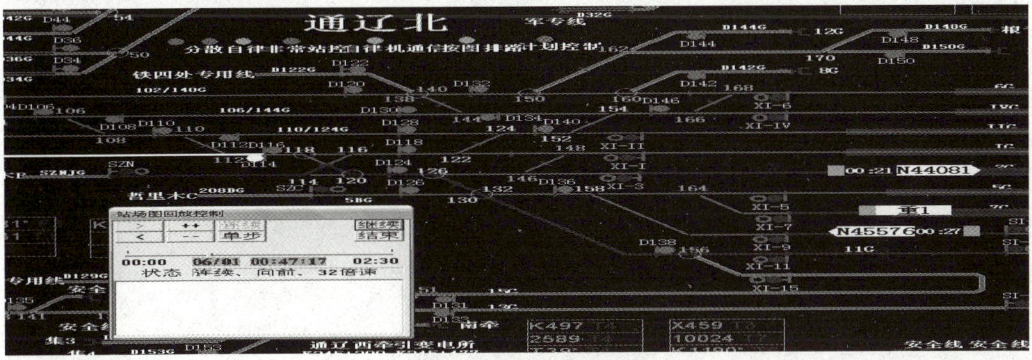

图 3-4-10　作业过程 4

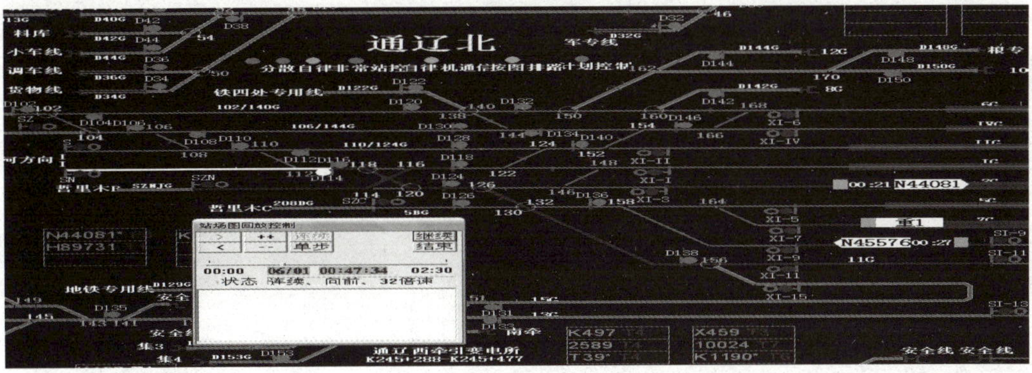

图 3-4-11　作业过程 5

随即车站值班员按设备故障处理。1 时 50 分工、电销记设备无问题，2 时 02 分调车车列退行越过 120 号道岔区段（D_{124} 信号机）后，114/116、118/120 道岔区段红光带自然消失。中断作业 75 min，如图 3-4-12 所示。

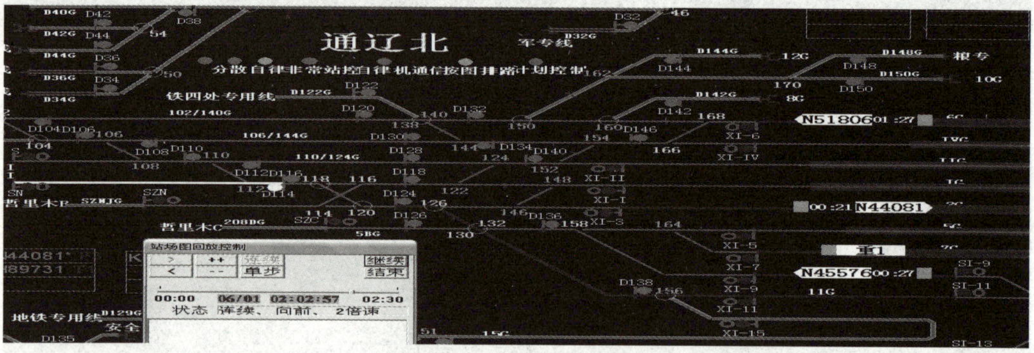

图 3-4-12　作业过程 6

3. 案例分析

由于调车车列没有完全进入信号机内方，调车信号无法正常开放，造成无信号折返，而通辽北站 11G 的 X_{I-11} 信号机防护的范围一直到 D_{114} 信号机，一旦无信号折返，有一组单开（156）、一组复式交分且有渡线（126/130、132）、一组交叉渡线（116/116、118/120）都需要人工准备并加锁，通辽北站没有选择安全性能高且操作简单的方式人工准备进路，即反排调车号信准备进路，而是单操道岔并单锁准备进路，造成交叉渡线都处于反位，出现异常红光带。值班员不了解设备特性，误认为设备故障，造成中断作业长达 75 min。

对于本案例，如信号员在准备无信号折返进路时，将 114/116 单操至定位，则不会出现异常红光带。

任务 3.5 道岔区段轨道电路红光带影响范围

控制台上出现红光带的位置与现场实际出现故障或机车车辆占用的地点不是完全一一对应的，要看道岔的开通位置，站场图示例 1 如图 3-5-1 所示。

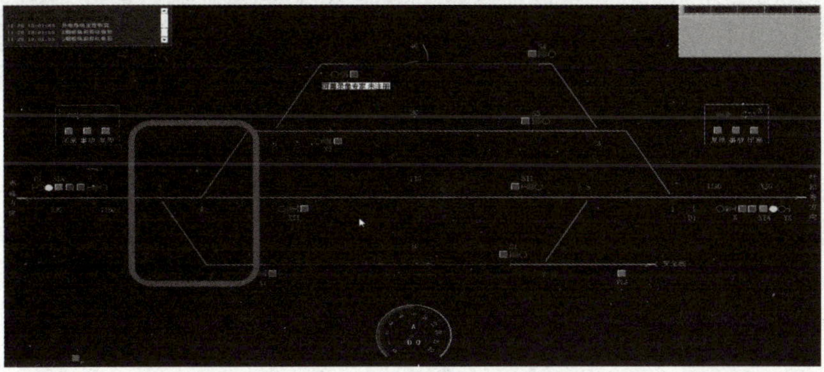

图 3-5-1 站场图示例 1

图 3-5-1 所示 2-4DG 区段，同样是 1G 停留的车辆向下行方向溜车，由于 2 号、4 号道岔的开通位置不同，控制台上红光带的位置是不同的，如图 3-5-2 所示。

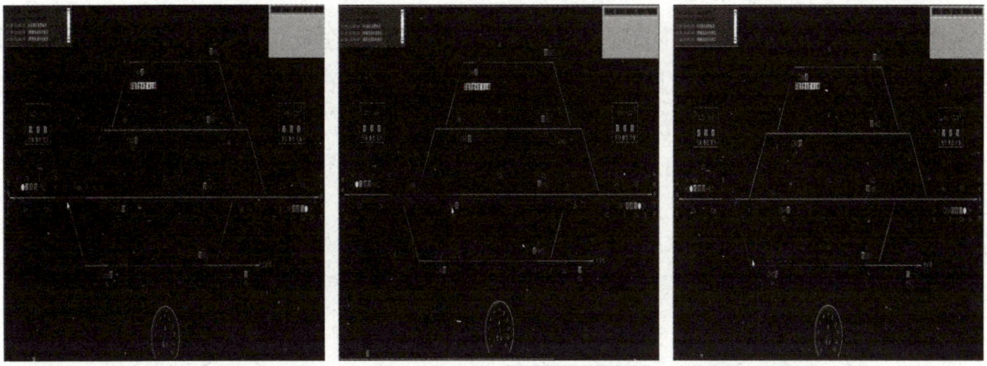

图 3-5-2 道岔开通位置不同时控制台上红光带的显示情况

道岔区段轨道电路，无论是由一组道岔还是多组道岔组成，整个轨道电路区段内任何一个部位出现问题，反映到控制台上，就是该轨道电路区段从最外方道岔开始，整个轨道电路区段内道岔开通位置，起止点均为该轨道电路区段的边界——轨道绝缘节。

按压接通光带按钮，控制台上道岔区段出现白光带的位置，就是一旦本区段出现问题红光带的位置，如图 3-5-3 所示。

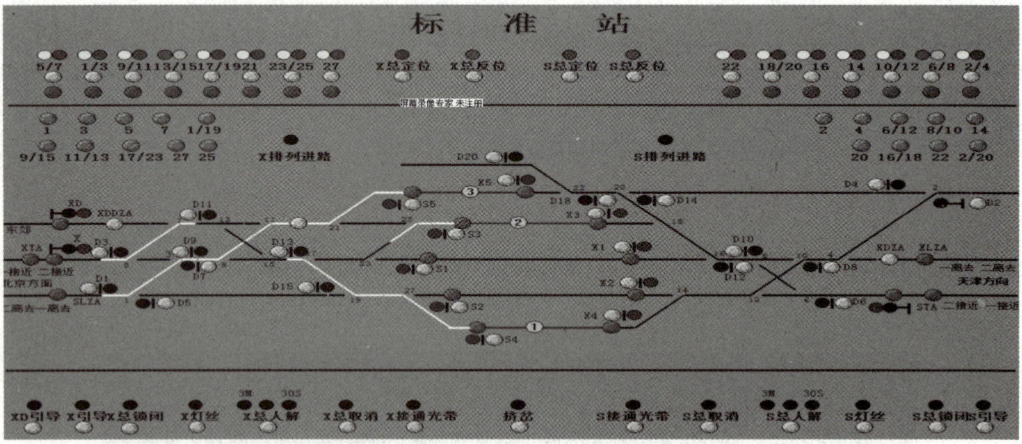

图 3-5-3　接通光带时控制台上白光带的显示情况

1. 案例解释

利用本知识点来解释交叉渡线产生异常红光带的问题，设备表象如图 3-5-4 所示。

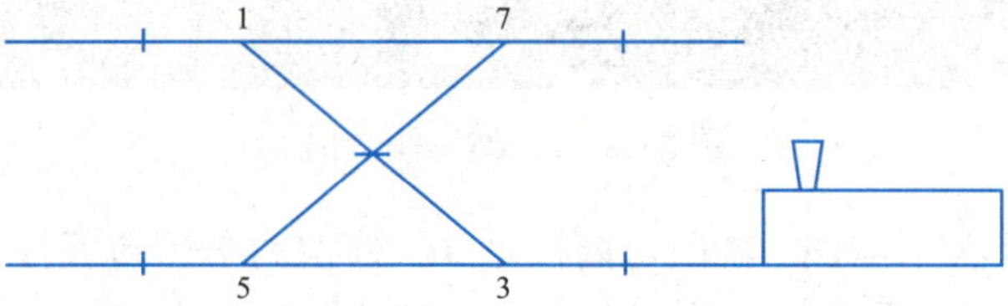

图 3-5-4　设备表象

图 3-5-4 的交叉渡线中间有绝缘节，1/3、5/7 都在反位，当机车车辆过 3 号道岔岔前绝缘节进入道岔区段后，由于 3 号、5 号道岔都在反位，没有道岔豁口，整个 3-5DG 都会出现红光带，即反 V 形红光带，如图 3-5-5 所示；机车车辆过渡线绝缘节进入 1-7DG 后，整个 1-7DG 也会出现红光带，即出现 X 形红光带，如图 3-5-6 所示。

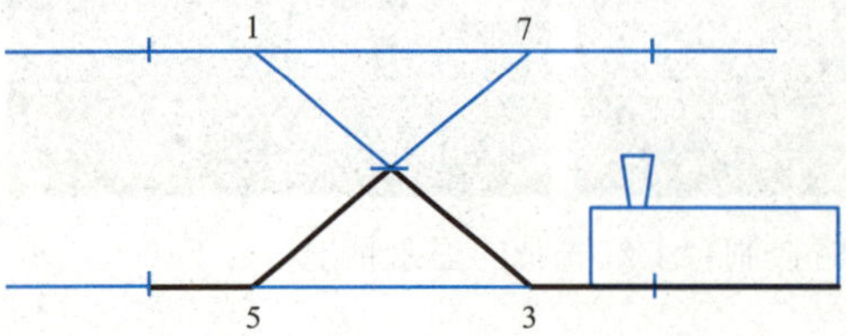

图 3-5-5　反 V 形红光带

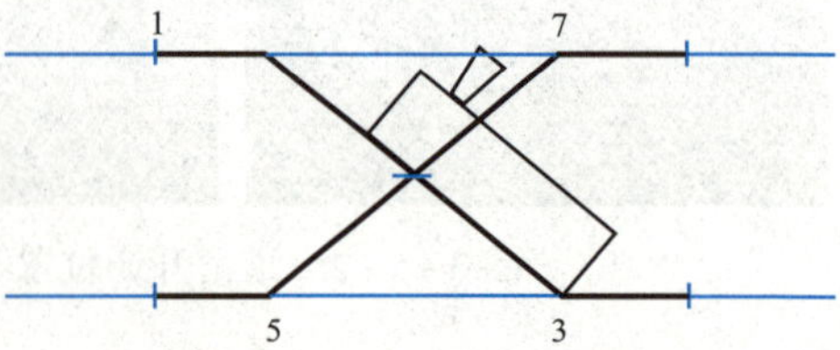

图 3-5-6　X 形红光带

因此，避免此问题发生的方法就是在准备进路时将 5/7 号道岔单操到定位，机车车辆通过时就是压哪哪红，不会出现这种异常的红光带。

2. 检查范围

控制台上一旦出现无机车车辆占用红光带，外勤助理到室外检查的范围一定是出现红光带的整个区段（边界为轨道绝缘节）。

站场图示例 2 如图 3-5-7 所示，控制台上 7 号道岔反位无机车车辆占用出现红光带，外勤助理现场检查范围：D_{11}—7 号道岔反位岔后绝缘节—D_3—3 号道岔反位岔后绝缘节。

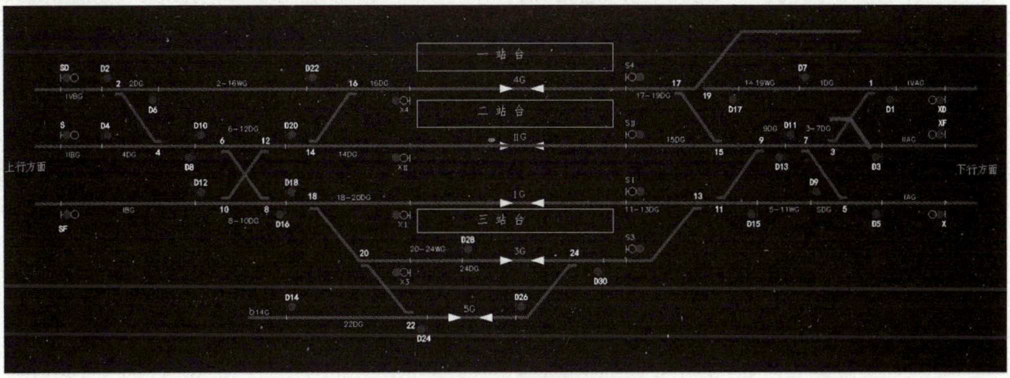

图 3-5-7　站场图示例 2

任务3.6 侵限绝缘

在道岔区段，设于警冲标内方的钢轨绝缘，除双动道岔渡线上的绝缘外，其安装位置普速铁路区段距警冲标不得小于 3.5 m，高速铁路区段距警冲标不得小于 5 m。当必须安装于警冲标内方小于上述规定距离时，应按侵入限界考虑，这样的绝缘称为侵限绝缘，如图 3-6-1 所示。

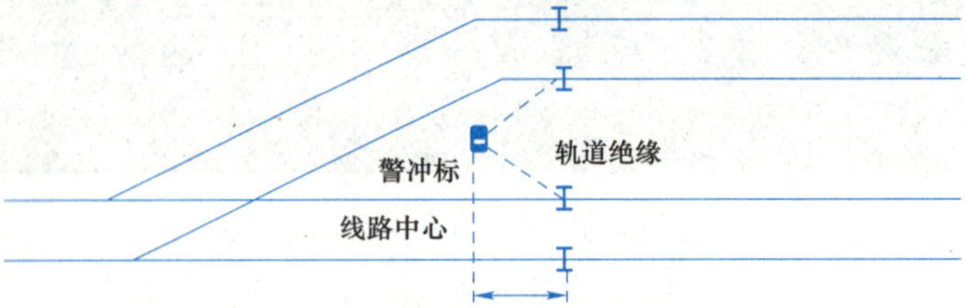

图 3-6-1　侵限绝缘

侵限绝缘处，车辆最外方轮对刚越过绝缘节停留时，车辆的车钩及端部有可能越出警冲标，侵入邻线的建筑限界，此时办理邻线的接发列车及调车作业，就有可能与侵限绝缘处停留的机车或车辆发生碰撞，构成事故。经侵限绝缘一侧轨道区段开放信号（引导信号除外）时，联锁条件除检查该进路（含延续进路）上各轨道占用和进路（含延续进路）上道岔及防护道岔位置外，还需检查侵限绝缘另一侧轨道占用情况。

控制台或显示器中，侵限绝缘显示一个红圆圈，如图 3-6-2 所示。

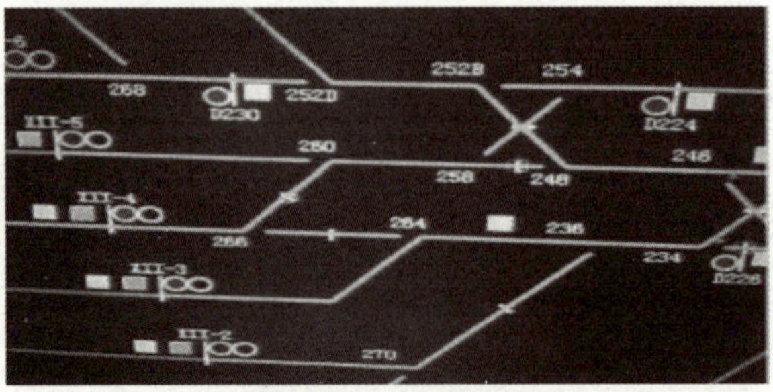

图 3-6-2　侵限绝缘在控制台或显示器中的表示

3.6.1　无条件侵限绝缘

当某一道岔区段与相邻轨道区段的绝缘节到该道岔警冲标距离小于 3.5 m 时，该绝缘节就是无条件侵限绝缘。

无条件侵限绝缘如图 3–6–3 所示，下行ⅢG 接车，除检查进路上去段空闲外，还需检查 3DG 区段空闲；信号开放后，3DG 区段因故障或机车车辆占用突然出现红光带，X 信号机会被关闭。如仅为 3 号道岔失去表示，由于既不是进路上道岔也不是防护道岔，则不影响经由 1 号道岔的进路办理。在联锁图表中，“轨道区段”一栏，除了列出进路上的区段还要列出 3DG 区段，持续检查占用情况。

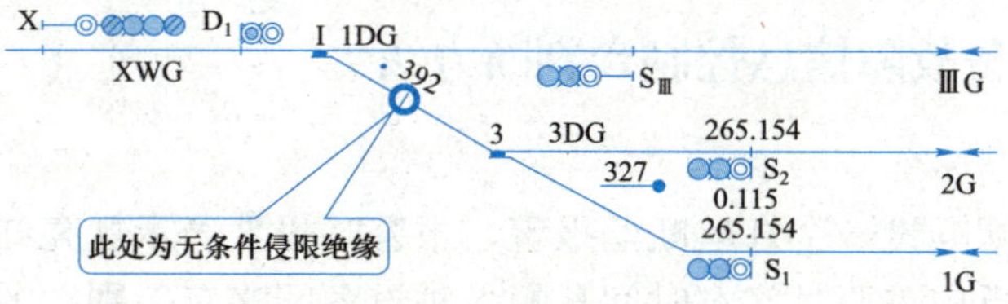

图 3–6–3　无条件侵限绝缘

3.6.2　条件侵限绝缘

某一道岔区段与相邻道岔区段的绝缘节到该道岔警冲标距离小于 3.5 m，当相邻区段的道岔开通本道岔区段时，该绝缘节为侵限绝缘；当道岔不开通本区段时，该绝缘节就不是侵限绝缘，即根据道岔位置条件来决定，称为条件侵限绝缘。

条件侵限绝缘如图 3–6–4 所示，15 号道岔开通 13 号道岔位置，即构成条件侵限，此时办理 X 至 S4 间进路，除检查进路上区段空闲外，还需检查 15DG 空闲。信号开放后，15DG 因故障或机车车辆占用出现红光带，X 信号机会被关闭。15 号道岔开通另一位置时，则不构成侵限。在联锁图表中，“轨道区段”一栏，除了列出进路上的区段还要列出 15 号道岔在定位时的 15DG 区段，即<15>15DG，反位则不检查。

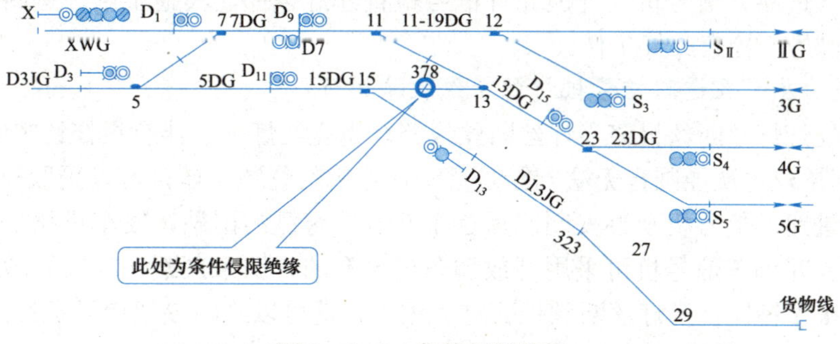

图 3–6–4　条件侵限绝缘

条件侵限绝缘相邻两组道岔区段，设备能判别构成平行进路时，则不检查绝缘相邻区段的占用情况，如因道岔失去位置表示，设备无法判别是否构成平行进路时，本着故障导向安全的原则，还需检查绝缘相邻区段的占用情况。

当侵限绝缘相邻的轨道区段出现影响信号开放的红光带时，进站（接车进路）信号及不能正常开放，可采用进路式引导开放引导信号接车。

任务 3.7　设备故障信息判断

3.7.1　6502 设备故障信息控制台判断方法

1. 灯丝报警

控制台每个咽喉设一个灯丝断丝报警，报警时报警表示灯亮红灯，不报警不亮灯；故障至报警反应需要时间，时间长短各种设备间略有差别；各站同样设备故障现象在控制台上可能有差别。

报警铃响后，按下该报警按钮，则切断报警铃电源，电铃停止鸣响，但报警表示灯不灭灯。在故障修复后，报警表示灯灭灯，电铃再次鸣响，此时拉出报警按钮，设备恢复正常。

1）进、出站及进路信号机灯丝断丝影响范围

（1）信号机灯丝断单丝时，不用无显示；使用时灯丝断丝报警表示灯亮红灯并伴有报警电铃鸣响，不影响正常使用。

（2）正在使用的信号机红灯灯丝断双丝时，控制台灯丝断丝报警灯亮红灯并伴有报警铃鸣响，相应的信号复示器显示相应的灯光信息。

（3）进站（进路）信号机开放允许信号检查红灯条件；具备办理通过进路上的正线出站（进路）信号机，开放允许信号检查红灯条件，其他出站（进路）信号机开放允许信号不检查红灯条件。

2）进、出站及进路信号机灯丝断丝故障判断

（1）红灯灯丝断丝报警（灯丝断丝报警灯光亮红灯，并伴有报警铃鸣响）。

① 断单丝：从控制台无法判断是哪个信号机红灯断单丝，可以采取开放报警侧的进站（进路）信号机及办妥闭塞后逐个开放报警侧的出站、发车进路信号机【出站（进路）兼调车信号机可采用开放调车信号】的方法来判断，只要开放信号后，灯丝断丝报警铃停止及灯丝断丝报警灯光熄灭，就可以判断该架信号机红灯断单丝。

② 断双丝：进站（进路）信号机复示器显示持续闪红灯。

出站（进路）信号机复示器显示持续闪白灯（红灯）。

（2）允许信号灯丝报警。

① 断单丝：正在使用的灯丝，关闭信号后报警信息消除，则证明该信号机使用的灯丝断单丝。

开放信号时，灯丝断丝报警灯光亮红灯，并伴有报警铃鸣响，此时可以采用关

闭信号的办法判断，如果信号关闭后报警信息消除，则是该信号机开放的允许灯光灯丝断单丝。

② 断双丝：引导信号的白灯断双丝，控制台复示器持续闪白灯，灯丝报警灯亮红灯、报警铃鸣响；其他允许灯光断双丝不报警，开放的信号机（包括断丝后开放该信号机），在控制台上复示器闪几下绿灯后熄灭（进站信号机复示器直接转为红灯）。

各站设备也有个别差异，如出站信号机绿灯断双丝，有的复示器绿灯持续亮几秒钟后熄灭，有的是复示器绿灯亮后熄灭，随后白灯闪烁几下后熄灭，也有的伴随报警铃声。总之复示器不能亮稳定绿灯，即可以判定为信号机允许灯光断双丝。

3）调车信号机灯丝断丝故障判断

（1）调车信号机灯丝不论断单丝还是双丝，灯丝断丝报警表示灯不亮红灯、灯丝断丝报警铃也不鸣响。

（2）断单丝无任何反映，不影响正常使用。

（3）蓝灯灯丝断双丝时，控制台该信号复示器持续闪白灯；白色灯灯丝断双丝，开放该信号机时，控制台无显示、现场信号不能开放。

（4）调车信号机允许信号不检查蓝灯条件。

2. 熔丝断丝报警

熔丝断丝报警铃响，同时该表示灯亮红灯，证明电务机械室中有熔丝主丝断丝，不影响使用。

报警铃响后，按下该报警按钮，则切断报警铃电源，电铃停止鸣响，但报警表示灯不灭灯。在故障修复后，报警表示灯灭灯，电铃再次鸣响，此时拉出报警按钮，设备恢复正常。

3. 挤岔报警

当道岔失去表示 13 s 后，挤岔电铃鸣响，挤岔表示灯亮红灯，此时该道岔的定、反位表示灯不亮，当故障道岔修复后，挤岔表示灯灭灯，电铃停止鸣响，设备恢复正常。

报警铃响后，按下该报警按钮，则切断报警铃电源，电铃停止鸣响，但报警表示灯不灭灯。在故障修复后，报警表示灯灭灯，电铃再次鸣响，此时拉出报警按钮，设备恢复正常。

4. 报警表示灯、电铃故障判断

1）报警表示灯故障

报警铃响，如果报警表示灯不亮，要逐个按压报警按钮，直到报警铃声停止鸣响，则可以判断出该系统报警，然后根据报警信息判断故障部位。

2）报警电铃故障

如果发现控制台报警表示灯亮灯，但没有报警铃声，则该报警电铃故障。

平时判断可以逐个按压报警按钮，如果哪个报警按钮按下后，电铃没有鸣响，则该报警电铃故障。

5. 控制台进、出站信号复示器表示灯光故障判断

控制台表示灯光故障时，不报警，不影响室外设备的正常使用。

1）进站信号复示器

（1）复示器红灯故障：在未开放进站信号的情况下复示器没有红灯显示（平时信号机未开放时亮红灯），又没有伴随报警，此时开放进站信号，如果复示器绿灯点亮，则证明红灯复示器故障，进站信号已开放。

（2）复示器绿灯故障：在开放进站信号时，如果复示器红灯灭灯、绿灯不亮，而且没有伴随报警，则证明是绿灯复示器故障（可以按压灯丝报警按钮确认报警设备正常）。

（3）复示器白灯故障：在开放引导信号时，白灯不亮，如果没有伴随报警，则证明白灯复示器故障。

2）出站信号复示器

（1）复示器绿灯故障：开放出站信号（半自动闭塞区段和自动站间闭塞区段必须在办妥闭塞后），复示器没有任何显示，也没有伴随报警，应现场确认出站信号开放，才能确认是复示器灯光故障；如出站信号未开放，则可以确认出站信号机允许灯光故障和复示器灯光故障并存。

（2）复示器白灯故障：开放调车信号，判断方法同复示器绿灯故障。

复示器灯光故障要结合信号机灯丝断丝故障等实际情况进行综合判断。

6. 道岔表示灯故障判断

道岔表示灯失去表示，如果没有伴随报警，首先应该确认是否是因为误碰接通道岔按钮造成的，如果不是可以按下该侧咽喉的接通光带按钮，如果道岔所处区段轨道电路光带显示完整，则证明表示灯故障。

7. 闭塞表示灯故障判断

闭塞表示灯故障不影响设备正常使用。

1）发车站闭塞表示灯故障判断

（1）闭塞表示灯黄灯故障。

办理闭塞时，请求闭塞，按下闭塞按钮，铃响而黄灯不亮，但承认闭塞后变为绿灯点亮，则证明黄灯表示灯故障。

（2）闭塞表示灯绿灯故障。

办理闭塞时，如果邻站承认闭塞后，表示灯黄灯熄灭，而绿灯不亮，此时开放出站信号机，如出站信号正常开放，则证明表示灯绿灯故障。

（3）闭塞表示灯红灯故障。

列车压上出站方向轨道电路，闭塞表示灯绿灯熄灭，红灯不亮，而邻站接车表示灯亮红灯，则证明发车闭塞表示灯红灯故障。

排除以上原因即为设备故障。

2）接车站闭塞表示灯故障判断

（1）闭塞表示灯黄灯故障。

办理闭塞时，邻站请求闭塞，铃响而黄灯不亮，但本站承认闭塞后变为绿灯点亮，则证明黄灯表示灯故障。

（2）闭塞表示灯绿灯故障。

办理闭塞时，如果邻站承认闭塞后，表示灯黄灯熄灭，而绿灯不亮，邻站显示正常，邻站列车开出，此时接车闭塞表示灯亮红灯，则证明表示灯绿灯故障。

（3）闭塞表示灯红灯故障。

邻站列车压上出站方向轨道电路，本站闭塞表示灯绿灯熄灭，而红灯不亮，但列车到达本站，该侧发车表示灯亮红灯，则证明接车闭塞表示灯红灯故障；邻站列车出站，本站接车闭塞表示灯亮红灯，但列车到达本站，本站该侧发车表示灯不亮红灯，此时使用复原按钮开通区间，如果闭塞机复原（闭塞表示灯灯光熄灭），则证明该侧发车闭塞表示灯红灯故障。

排除以上原因即为设备故障。

注：① 个别车站设备故障信息与此略有差异，排除以上原因即为设备故障。以上不能涵括所有故障现象，所以要结合实际情况进行学习掌握。

② 以上多是单个故障信息判断，多重故障同时出现时，要结合实际情况进行综合判断。也就是对报警表示灯、报警铃声、信号复示器、道岔表示灯等现象进行综合分析、判断。

3.7.2 计算机联锁设备故障显示器信息判断

1. 铁科研计算机联锁（TYJL—Ⅱ）设备故障显示器信息判断

1）列车信号

（1）断单丝（包括红灯和允许灯光）。

上行侧灯丝断单丝显示器信息框显示“上灯丝转换”、下行侧灯丝断单丝显示器信息框显示“下灯丝转换”，同时伴有“灯丝报警”语音提示。

（2）断双丝。

红灯：显示器信号复示持续闪红灯，同时伴有“灯丝报警”语音提示。

允许灯光：显示器信号复示绿灯（黄灯、白灯）熄灭后点亮红灯，同时伴有“信号故障关闭”语音提示。

2）调车信号

（1）断单丝。

无任何反映。

（2）断双丝。

蓝灯：显示器信号复示持续闪红灯。

白灯：显示器信号复示白灯熄灭。

3）熔丝断丝报警

显示器信息框：“熔丝报警”红字持续闪烁。

4）挤岔报警

该道岔区段黄色光带（中间断开的）闪数次后熄灭，变持续闪红光带（中间断开的），信息框没有信息提示，并伴随“挤岔报警”语音提示。

故障恢复时：“道岔恢复”语音提示，信息框没有信息提示。

需要时可沿此线裁成活页

2. 北交大计算机联锁（JD−1A）设备故障显示器信息判断

1）列车信号

（1）断单丝（包括红灯和允许灯光）。

上行侧灯丝断单丝显示器信息框显示“S 灯丝转换”、下行侧灯丝断单丝显示器信息框显示“X 灯丝转换”，同时伴有“主灯丝断丝”语音提示。

（2）断双丝。

红灯：显示器信息框显示“S（X）主灯丝断丝”，同时伴有“主灯丝断丝”语音提示和信号复示持续闪红灯。

允许灯光：显示器信息框显示“信号故障关闭”，同时伴有“信号故障关闭”语音提示，信号复示绿灯（黄灯、白灯）熄灭、红灯闪烁后长亮。

2）调车信号

（1）断单丝。

无任何反映。

（2）断双丝。

蓝灯：显示器复示蓝灯持续闪烁，无其他提示。

白灯：显示器复示白灯熄灭，信息框显示“信号故障关闭”，同时伴有“信号故障关闭”语音提示。

3）熔丝断丝报警

显示器信息栏显示“熔丝报警”，同时伴有语音提示“熔丝断丝”。恢复时语音提示“熔丝恢复”。

4）挤岔报警

显示器被挤道岔处“∠”状红光带闪烁，报警信息栏显示“道岔挤岔”，同时伴有“道岔挤岔”语音提示。

3. 通号公司计算机联锁（DS6−K5B）设备故障显示器信息判断

1）列车信号

（1）断单丝（包括红灯和允许灯光）。

红灯：上行侧灯丝断单丝显示器信息框显示“S 灯丝断丝”、下行侧灯丝断单丝显示器信息框显示“X 灯丝断丝”，同时伴有“主灯丝断丝”语音提示。

允许灯光：上行侧灯丝断单丝显示器信息框显示“S 主灯丝断丝”、下行侧灯丝断单丝显示器信息框显示“X 主灯丝断丝”，同时伴有“主灯丝断丝”语音提示。

（2）断双丝。

红灯：显示器信号复示持续闪红灯，显示器信息框显示“S（或 X）主灯丝断丝”，同时伴有“主灯丝报警”语音提示。

允许灯光：显示器信号复示绿灯（黄灯、白灯）熄灭，红灯闪烁后长亮（引导信号红灯稳定不闪），显示器信息框显示“信号故障关闭”，同时伴有“信号故障关闭”语音提示。

2）调车信号

（1）断单丝。

出站信号机白灯：显示器信息框显示“S（或 X）主灯丝断丝”，同时伴有“主灯丝报警”语音提示。

调车信号机：无任何反映。

（2）断双丝。

① 蓝灯：显示器信号复示持续闪蓝灯。

② 白灯。

出站信号机：显示器信号复示白灯闪烁后熄灭，信息框显示“信号故障关闭”，同时伴有“信号故障关闭”语音提示。

调车信号机：显示器信号复示白灯熄灭，信息框显示“信号故障关闭”，同时伴有“信号故障关闭”语音提示。

3）熔丝断丝报警

显示器信息框显示：“熔丝报警”，同时伴有“熔丝报警”语音提示。

4）挤岔报警

控制屏被挤道岔处“∠”状红光带闪烁，报警信息栏显示“道岔挤岔”，同时伴有“道岔挤岔”语音提示。道岔恢复后，控制屏显示恢复正常，并伴有语音提示“道岔恢复”。

4. 卡斯柯公司计算机联锁（CIS–1）设备故障显示器信息判断

1）列车信号

（1）断单丝（包括红灯和允许灯光）。

红灯：上行侧灯丝断单丝显示器信息框显示“S 灯丝断丝”、下行侧灯丝断单丝显示器信息框显示“X 灯丝断丝”，同时伴有“灯丝断丝”语音提示。

允许灯光：上行侧灯丝断单丝显示器信息框显示“S 主灯丝断丝”、下行侧灯丝断单丝显示器信息框显示“X 主灯丝断丝”，同时伴有“灯丝断丝”语音提示。

（2）断双丝。

红灯：显示器信号复示持续闪红灯，显示器信息框显示“S（或 X）灯丝断丝”，同时伴有“灯丝报警”语音提示。

允许灯光：显示器信号复示绿灯（黄灯、白灯）熄灭，红灯闪烁后长亮（引导信号红灯稳定不闪），显示器信息框显示“信号故障关闭”，同时伴有“信号故障关闭”语音提示。

2）调车信号

（1）断单丝。

无任何反映。

（2）断双丝。

蓝灯：显示器信号复示持续闪蓝灯。

白灯：显示器信号复示白灯熄灭，信息框显示“信号故障关闭”，同时伴有“信号故障关闭”语音提示。

需要时可沿此线裁成活页

3）熔丝断丝报警

显示器信息框显示“熔丝报警”，同时伴有“熔丝报警”语音提示。

4）挤岔报警

控制屏被挤道岔处“∠”状红光带闪烁，报警信息栏显示“道岔挤岔”，同时伴有“道岔挤岔”语音提示。道岔恢复后，控制屏显示恢复正常，并伴有“道岔恢复”语音提示。

不同的设备或在不同时期投入使用的同一类型设备，信号灯丝断丝报警有所不同，如同样是JD-1A在灯丝断双丝时，信息及语音提示就有“信号故障关闭”“S（X）灯丝断丝”等，所以一定要根据报警信息结合具体操作和开放的信号进行判断。

项目 4
非正常情况接发列车

需要时可沿此线裁成活页

任务 4.1　行车设备故障时接发列车

4.1.1　行车设备故障时的应急处理方法

1. 基本规定

（1）行车设备在使用过程中发现或接到设备故障的报告时，《铁路技术管理规程（普速铁路部分）》（以下简称《技规》）第 403 条规定，车站值班员发现或接到行车设备故障的报告后，应立即通知设备管理单位相关人员，并在《行车设备检查登记簿》内登记。列车调度员发现或接到调度台行车设备故障的报告后，应立即通知设备管理单位相关人员，并在《行车设备检查登记簿》内登记。设备管理单位应在《行车设备检查登记簿》内签认，尽快组织修复。对暂时不能修复的，应登记停用内容和影响范围，并注明行车限制条件。

（2）设备管理单位在维修过程中发生设备故障时，《技规》第 406 条规定，设备维修人员发现信号、通信设备故障危及行车安全时，应立即通知车站，并积极设法修复；如不能立即修复时，应停止使用，同时报告工长、车间主任或电务段、通信段调度，并在《行车设备检查登记簿》内登记。

（3）如在施工、维修作业过程中，在作业影响范围外的设备发生故障时，以及施工、维修作业结束前设备无法恢复正常使用时，按设备故障处理，在《行车设备检查登记簿》内登记。

（4）车站应派人前往故障现场进行检查，如因自然灾害、人为破坏或其他外观可见的问题引发故障时，应第一时间将问题通知设备管理单位调度，以便及时根据问题性质安排抢修。

2. 非列车占用红光带的处置规定

（1）当站内轨道电路异常显示红光带时，车站值班员（列车调度员）应立即停止经由故障轨道电路区段的接发列车及调车作业，车站值班员报告列车调度员。工务、电务人员在《行车设备检查登记簿》内登记行车限制条件后，方可根据登记的行车限制条件组织行车。

（2）车站值班员（列车调度员）发现及得到区间轨道电路异常显示红光带的信息时，立即通知已进入故障地点及尚未经过故障地点的列车及调车车列停车。车站值班员报告列车调度员。

工务人员在《行车设备检查登记簿》内登记行车限制条件后，方可根据登记的行车限制条件组织行车。在自动闭塞区间工务登记行车限制条件后，故障未修复前，对尚未进入区间的后续列车按站间组织行车。

（3）车站值班员（列车调度员）在发现及得到 CTC/TDCS 终端车站或区间轨道电路红光带故障信息时，应立即按规定通知工务、电务等部门检查处理，车站值班员报告列车调度员。当电务部门确认故障处所信号联锁及区间设备正常，仅是 CTC/TDCS 终端显示错误时，应在车站（调度所）《行车设备检查登记簿》内登记"××轨道电路红光带 CTC/TDCS 终端显示错误，信号联锁及区间设备正常"。车站值班员（列车调度员）根据电务登记通知工务部门不再进行检查处理，恢复正常组织行车。电务部门故障处理完毕后，恢复 CTC/TDCS 设备正常使用。

（4）对列车占用的轨道电路区段道岔挤岔报警、与列车占用的轨道电路区段相邻近的非占用区段异常出现红光带或挤岔报警的情况，车站值班员（列车调度员）应立即拦停本线和邻线列车及开往设备故障地点的本线和邻线列车；立即封锁本线和邻线；车站值班员报告列车调度员。

3. 行车设备故障判断及处理

行车设备基本故障分为：全站停电、闭塞机故障、信号机故障、道岔失表、轨道电路异常红光带五大类。

1）全站停电

6502 控制体无任何显示，计算机联锁设备故障现象有所区别，当电源停电时，显示屏黑屏，机械室 UPS 电源屏故障时，显示器所有线路显示红光带。当电源屏黑屏时，注意通过活动电源线接头、关闭开启开关等方式排除显示屏故障。

当区间内有列车运行时发生停电故障，应在该区间揭挂"区占"牌（帽）进行提示，夜间需第一时间指派胜任人员到各进站信号机处按规定加挂防护灯。

2）闭塞机故障

在办理闭塞前或办理过程中，进站信号机内方第一轨道电路区段因调车作业或轨道电路故障出现红光带，会导致双方站闭塞表示灯显示不一致，或无法正常办理闭塞机复原的问题。故障现象及判断方法如下。

（1）闭塞表示灯黄灯故障。

办理闭塞时，邻站请求闭塞，铃响而黄灯不亮，但本站承认闭塞后变为绿灯点亮，则证明表示灯黄灯故障。

（2）闭塞表示灯绿灯故障。

办理闭塞时，如果邻站承认闭塞后，表示灯黄灯熄灭，而绿灯不亮，邻站显示正常，邻站列车开出，此时接车闭塞表示灯亮红灯，则证明表示灯绿灯故障。

（3）闭塞表示灯红灯故障。

邻站列车压上出站方向轨道电路，本站闭塞表示灯绿灯熄灭，而红灯不亮，但列车到达本站，该侧发车表示灯亮红灯，则证明接车闭塞表示灯红灯故障；邻站列车出站，本站接车闭塞表示灯亮红灯，但列车到达本站，本站该侧发车表示灯不亮红灯，此时使用复原按钮开通区间，如果闭塞机复原（闭塞表示灯灯光熄灭），则证明该侧发车闭塞表示灯红灯故障。

闭塞机故障最终的判别方法为：发车站影响绿色灯光时，无法正常办理发车，需停基改电使用路票发车。接车站当列车到达后不能正常显示双红灯时，不能办理正常复原，需使用事故按钮办理闭塞机复原。

3）信号机故障

信号机故障按用途分为进站信号机故障和出站信号机故障，按灯光类型分为红色灯光故障和允许灯光故障；出站信号机故障又分为正线和到发线故障。根据不同的故障，处理的方法及行车凭证有所不同。故障现象及判断方法如下。

（1）进站信号机允许灯光故障：不开放信号时无显示，开放信号后允许灯光点亮数秒后自动关闭，红灯点亮，报警铃响。此故障可使用进路式引导信号接车。

（2）进站信号机红灯故障：进站信号机红灯（或白灯）闪亮，计算机联锁设备语音报警。此故障需使用引导手信号接车。

（3）出站信号机允许灯光故障：故障现象与进站信号机故障相同，需使用路票发车。

（4）出站信号机红灯故障：故障现象与进站信号机相同。正线出站信号故障时使用路票发车。到发线出站信号机故障时，正常开放出站信号发车。

4）道岔失表

故障现象：6502 控制台道岔表示灯灭灯，已排列的进路白光带或接通光带该道岔无显示，计算机联锁设备道岔尖红闪，同时挤岔报警。

办理进路或单操道岔，道岔转换不到位时，除通知有关人员外，还应人工反复单操排查是否故障，如道岔定位表示正常时，该道岔定位可正常使用；如道岔反位表示正常时，该道岔反位可正常使用。这与以往道岔一侧失去表示另一侧禁止使用的要求有很大区别，必须扭转以往老的处理思维，避免耽误正常接发车。同时，在道岔发生失表问题但反复搬动恢复正常时，仍需在《行车设备检查登记簿》内登记，并注明“反复扳动后恢复正常”字样。

在道岔失表设备故障中，在有时存在已排列进路并显示信号的情况下，进路上的道岔发生失表的问题，此时在有进路白光带的情况下道岔无法进行扳动试验，也无需将原进路光带解锁后再进行扳动试验。

5）轨道电路异常红光带

故障现象：控制台或显示器响应区段显示红光带。分为道岔区段、无岔区段、进站信号机内方第一区段、接近区段，根据故障位置的不同，处理方式和行车凭证不同，需分别处理。

（1）如站内区段红光带，需使用进路式引导信号接车，但当进站信号机内方第一轨道电路区段故障时，6502 控制台需持续按压引导按钮，计算机联锁需满足要求时间间隔持续点击引导按钮保持引导信号开放状态，直至列车进入进站信号机内方第二轨道电路区段。而接近区段故障时，不影响进站信号机以及半自动闭塞出站信号机的正常显示，在确认行车条件后可正常办理接发列车。

（2）由于轨道电路分路不良或设备故障致使列车（车列）过后，进路漏解锁，白光带不消失。此时车站值班员应在确认故障区段空闲后，进行区段单独人工解锁。在《行车设备检查登记簿》内登记，并通知信号人员检查原因，排除故障。

（3）如果使用区段故障解锁按钮不能解锁，在电务销记前，接车：按相应轨道电路区段红光带故障进路准备方式准备进路，使用引导总锁闭方式开放引导信号接车（不能使用进路式引导，因为遗留白光带与引导进路形成敌对）。发车：按相应轨道电路区段红光带故障进路准备方式准备进路，使用路票（电话闭塞法）或绿色许可证（自动闭塞法）发车。

4. 行车设备故障处置流程

（1）车站值班员发现设备故障（轨道电路区段红光带、道岔失去表示、信号机故障、闭塞设备故障）后，对可能由障碍物、异物造成的故障，派车站胜任人员现场检查。对危及行车安全的立即采取相应安全措施。

（2）报告列车调度员。

（3）通知车站值班负责人。

（4）在《行车设备检查登记簿》上登记，通知维修部门。

（5）在能现场处理的立即处理后，恢复正常行车。

（6）确认有关部门登记，在不危及行车安全的前提下，需要非正常接发列车时，按非正常作业办法组织接发列车。

（7）故障设备修复后，由维修部门在《行车设备检查登记簿》上销记，试验良好签认，恢复正常行车。

4.1.2 非正常情况下的接发列车程序、办法及有关规定

1. 非正常接发车程序

非正常情况下的接车（通过）作业程序图如图 4–1–1 所示，发车作业程序图如图 4–1–2 所示。

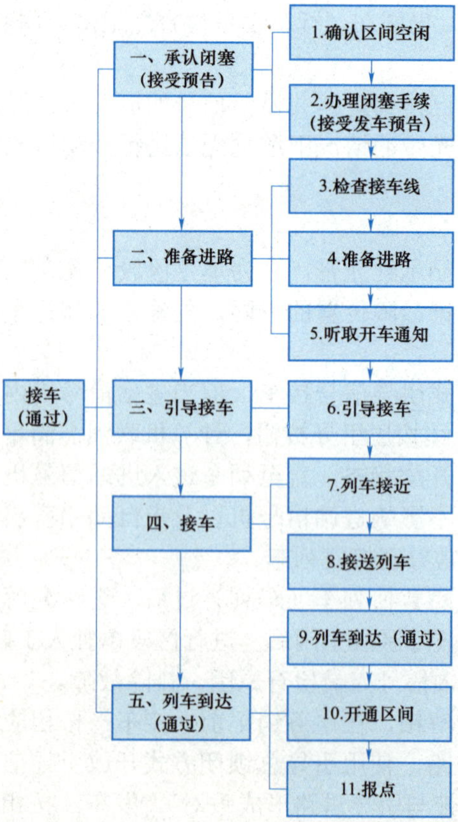

图 4–1–1　接车（通过）作业程序图

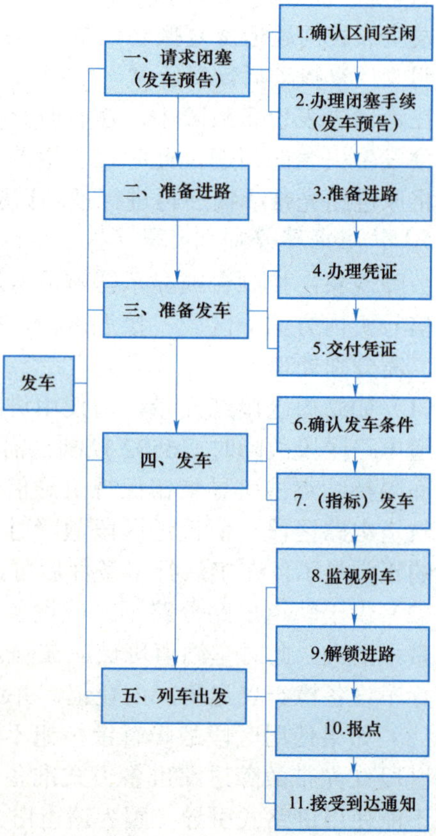

图 4–1–2　发车作业程序图

2. 非正常接发车办法

设备故障办理非正常接发车前，必须确认设备管理单位《行车设备检查登记簿》内登记的限制条件，并得到列车调度员准许。所谓列车调度员准许并不单指列车调度员下达的有关调度命令，也包括口头指示，如使用绿色许可证发车，使用引导信号接车。

1）接车作业流程

（1）向列车调度员申请引导接车（使用引导手信号时，需申请引导手信号接车的调度命令）。

（2）向司机传达引导接车调度命令（含口头命令）。

（3）准备接车进路。

（4）确认接车进路。

注：在有原接车进路白光带的情况下，对信号机故障、无岔区段故障，因不需要进行扳动、加锁道岔等操作，在开放引导信号前可直接确认进路，不需要进行准备进路环节。

（5）开放引导信号或派引导员接车并得到到达引导地点的报告。

（6）车机联控。

注：×次×站引导接车，×道停车（通过），注意引导（手）信号。

（7）接车。

（8）列车到达。

（9）解锁进路。

注：列车到达后，必须先解锁进路白光带再办理区间开通手续。因为在能办理闭塞机正常复原的情况下，进站信号机内方第一轨道电路区段白光带将导致无法正常办理复原，错误使用事故按钮。

（10）开通区间，需使用事故按钮开通区间时，参照有关程序办理。

2）发车作业流程

（1）办理闭塞或预告后，取消原闭塞或预告。

（2）向列车调度员申请停止基本法改用电话闭塞法调度命令。

（3）与邻站核对调度命令。

（4）办理闭塞，接收电话记录号码，揭挂区间占用表示牌（帽）。

（5）准备进路。

（6）确认进路。

（7）填写路票。

（8）路票三核对。

（9）递交路票及调度命令。

（10）组织发车。

（11）接收列车到达电话记录号码，摘下区间占用表示牌（帽）。

3. 临时设备故障（施工）时接发车的规定

（1）临时设备故障影响时间长以及施工期间办理接发列车时，无始发列车的非分歧方向中间站，应按行别各固定一条接发车进路，不得安排列车会让（列车调度员调整困难时除外）；有办理客运业务列车且正线不邻靠站台时，可将侧线作为固定接车线路；始发终到站或设有分歧方向的车站，同一咽喉同一行别不得同时准备两条及以上列车进路，执行有困难的车站，可安排两组准备进路人员，明确分工，分别办理。

（2）办理经由信号设备停用区段接发列车时，一个列车的所有作业程序未完成，车站值班员不得提前向作业人员布置下一列车进路。

4.1.3 列车进路准备及道岔加锁办法

1. 进路

进路是指在站内，列车、调车机车或车列由一个地点到另一个地点所运行的经路。

进路包括列车进路和调车进路，其中列车进路又包括接车进路、发车进路和通过进路三种。

确定基本进路的原则：车站的咽喉区，在同一始端和同一终端间往往不止一条进路，一般把平行作业影响较小、走行距离较短、经过道岔较少的进路确定为基本进路。

列车进路是指列车在车站接入、发出、通过所经由的一段线路。

调车进路是指由调车车列或单机运行方向的前端起至本运行方向目的地（指定地点）或防护设备止的一段线路。

接车进路是指接入列车时，由进站信号机起至接车线末端计算该线有效长度的警冲标或出站信号机（若有延续进路，为至延续进路末端）止的一段线路。

发车进路是指发出列车时，由列车前端起至相对方向的进站信号机或站界标止的一段线路（设有中岔时，由列车尾部至相对方向进站信号机或站界标间的一段线路称为发车进路）。

通过进路是指列车通过时，该列车通过线两端进站信号机或进站信号机与站界标间的一段线路。

2. 敌对进路

敌对进路是指互相干扰，不能同时开通的进路。

下列进路规定为敌对进路。

（1）同一到发线上对向的列车进路与列车进路。

（2）同一到发线上对向的列车进路与调车进路（包括电气集中联锁的局部控制调车作业）。

（3）同一咽喉区内对向重叠的列车进路。

（4）同一咽喉区内对向或顺向重叠的列车进路和调车进路。

（5）同一咽喉区内对向重叠的调车进路。

（6）当进站信号机外方的列车制动距离内接车方向有超过6‰的下坡道，而在该下坡道方向的接车线末端未设有线路隔开设备时，该下坡道方向的接车进路与对方咽喉的接车进路、非同一到发线上顺向的发车进路以及对方咽喉的调车进路。

（7）电气集中联锁的车站，由于防护进路的信号机设在侵入限界的轨道绝缘节处，而禁止同时开通的进路。

（8）向驼峰推送车列占用的股道与另一端向该股道的接车进路或调车进路。

（9）咽喉区内无岔区段上对向的调车进路（到发线上无岔区段应根据具体情况及运营要求另作规定）。

3. 基本进路、变通进路及使用原则

基本进路是指集中联锁的车站，使用始、终端两按钮所排出进路。

变通进路是指除基本进路外，所排出的其他进路，也称迂回进路。

有时根据车站作业的需要，由一点至另一点所走的经路与基本进路不同，如有的是经过与基本进路相平行的道岔，有的是经过其他迂回进路。在办理变通进路时，先按进路始端按钮，然后按下变通道岔处的调车信号按钮（无调车信号机时，则按变通按钮），再按下进路终端按钮，进路即可排通。

根据车站道岔布置，虽可选出多种变通进路，考虑到列车速度较高，变通进路应慎重使用，特别是两变通道岔相距很近时，应禁止变通以保证运行安全。

虽然从设备上能排列出变通进路，但在电务提供的联锁图表中未列入时，禁止使用。

4. 延续进路

在进站信号机外制动距离内，进站方向为超过 6‰的下坡道（换算坡度）的车站，为了防止列车因制动不当而冲出接车线的意外情况，有必要将接车进路加以延长，这部分延长的进路叫延续进路。

该换算坡度是指该区段内平均坡度与曲线阻力当量坡度之和求得的坡度。

5. 无联锁准备进路

《技规》第 359 条规定，在无联锁的线路上接发列车时，车站值班员除严格按接发列车手续办理外，并应将进路上无联锁的有关对向道岔及邻线上防护道岔加锁。进路上无联锁的分动外锁闭道岔无论对向或顺向，均应对密贴尖轨、斥离尖轨和可动心轨加锁。具体加锁办法，由铁路局规定。

正确的准备进路办法是：将进路上的所有道岔及邻线上的防护道岔加锁。

车站值班员下达准备进路的命令为“×次×道接（发）车准备进路”，确认复诵无误后命令“执行”。但为防止室外准备进路人员错误开通道岔，漏加锁道岔问题发生，车站值班员可根据车站线路图与准备进路人员进行联防互控。

6. 部分联锁失效准备进路

在非正常情况下依次按下列方式准备进路、锁闭道岔。

（1）排列调车进路。不具备排列正方向调车进路时，可排列反方向调车进路。正方向调车进路不能完全锁闭道岔，反方向调车进路能锁闭时，优先使用反方向调车进路。

（2）信号机不能开放，能排列列车或调车进路光带时，使用光带锁闭道岔。

（3）不能以上述方式准备进路，但道岔能集中操纵时，单操至所需位置，实施单独锁闭。

（4）不能集中操纵但转辙机能起锁闭作用的道岔，需要扳动时，使用道岔手摇

把手摇至正确位置（包括可动心轨），确认各转辙机均处于锁闭状态，用勾锁器加锁（包括分动外锁闭道岔的斥离尖轨和可动心轨）。

（5）按施工影响范围联锁失效的道岔，施工中如能集中操纵，可按上述规定准备进路，现场确认正确后，必须使用勾锁器按规定加锁。

（6）不得经无转辙机或转辙机失去锁闭功能的道岔接发列车或调车，施工期间路用列车（自轮运转特种设备）必须使用时，由施工单位负责准备进路，使用紧固装置紧固并加锁。

（7）遇有施工需现场准备接发车进路时，电务部门（施工单位）必须将进路上的道岔转辙机遮断器断开（室内可集中操纵的道岔除外）。

（8）道岔区段轨道电路红光带，道岔在所需位置时，单独锁闭。

7. 无联锁或联锁失效时接发列车准备进路的有关要求

（1）无联锁或联锁失效不能通过控制台（显示屏）确认线路、道岔空闲时，车站值班员指派现场准备进路人员检查、确认。

（2）进路准备妥当后，必须执行一人两次或两人一次确认制度。

（3）道岔故障通知及检查处理的规定。

道岔发生故障，使用单位通知工务、电务人员和负责清扫单位人员（道岔故障可能与冰雪有关时还须通知除雪单位人员，道岔安有车务加热设备还须通知车务人员）按规定前往现场检查处理。道岔夹杂异物时，无论谁先到达现场，应立即清除异物，恢复使用。

（4）部分无联锁准备进路时，因室外准备进路只负责某一个或一组道岔而非整条进路的准备和确认工作， 因此在下达准备和确认进路的命令时，必须说清道岔号码及开通位置。

（5）部分无联锁接发车后，加锁道岔的解锁时机应根据后续列车接发、道岔扳动试验等情况而定，避免反复、重复加锁增加作业环节。

4.1.4 列车占用区间凭证使用办法

结合闭塞设备、行车组织方式的不同，须使用不同的占用区间的行车凭证。

非正常情况下车站使用行车凭证发车时，在发车进路准备妥当后，方可向司机递交（转达、发送）行车凭证。

1. 绿色许可证

自动闭塞区段车站，当出站（进路）信号机不能使用，但不影响自动闭塞设备的正常使用时，需使用绿色许可证作为列车占用区间的行车凭证。

使用绿色许可证包括以下几种情形。

（1）出站信号机故障时发出列车。

（2）由未设出站信号机的线路上发出列车。

（3）超长列车头部越过出站信号机发出列车。

（4）发车进路信号机发生故障时发出列车。

（5）超长列车头部越过发车进路信号机发出列车。

自动闭塞区段需要使用绿色许可证作为行车凭证时，车站向司机交付行车凭证前，须确认闭塞系统在发车位。

单线自动闭塞区段还需取得对方站确认区间内无迎面列车的电话记录号码，邻站（列车调度员）对该区间不得选择自动触发方式排列进路。

当站内部分设备故障需使用绿色许可证发车前，须与邻站确认区间无迎面列车，并取得对方站发出的电话记录号码后，方可办理发车：“×（次）预告，使用绿色许可证发车”，“×号、（×点）×（分），同意×（次）预告，区间无迎面列车”。

（6）不向司机递交的绿色许可证可填写一份，列车头部越过最后一架不能使用的信号机后，车站值班员应划“×”注销。不向司机递交的书面通知可填写一份，列车头部越过出站信号机后，车站值班员应划“×”注销。

（7）发车进路信号机与出站信号机均发生故障时，绿色许可证中的出站（进路）字样，均不要抹消，司机凭此证通过故障的进路、出站信号机。

（8）遇发车进路信号机故障时，须在绿色许可证（半自动闭塞发车进路通知书）上依次注明各故障的信号机号码。

遇两架及以上进路信号机故障时，在各发车进路信号机防护的进路均准备好后，使用一张绿色许可证（半自动闭塞发车进路通知书），填写前必须得到相关车站值班员进路准备好的通知，方可交付司机，司机凭此证通过各故障的进路信号机。

2. 路票

（1）使用电话闭塞法行车时，列车占用区间的行车凭证为路票。当挂有由区间返回的后部补机时，另发给补机司机路票副页。

单线或双线反方向发车（正方向首列发车）时，根据《行车日志》查明区间已空闲，并取得接车站承认的电话记录号码，在发车进路准备妥当后，方可填发路票。双线正方向发车（首列除外）时，根据收到的前次发出的列车到达的电话记录号码，在发车进路准备妥当后，即可填发路票。

停止基本闭塞法改按电话闭塞法行车时，准许列车凭路票越过进路上各关闭的信号机。在相关车场进路准备妥当后，方可填发路票。

（2）电话记录号码的填写：路票应由车站值班员或指定的助理值班员填写。单线或双线反方向发车（正方向首列发车）时，根据《行车日志》查明区间已空闲，并取得接车站承认的电话记录号码，在发车进路准备妥当后，方可填发路票。双线正方向发车（首列除外）时，根据收到的前次发出的列车到达的电话记录号码，在发车进路准备妥当后，即可填发路票。

（3）路票填写后，不准涂改（有规定时除外），并在路票背面注明日期。

（4）车站对接到的路票，确认正确后，应划“×”注销。不向司机递交的路票应在该次列车到达前方站后，由车站值班员划“×”注销。

（5）双线反方向行车使用路票时，应在路票上加盖“反方向行车”章；两线、多线区间使用路票时，应在路票上加盖“××线行车”章。

（6）停止基本闭塞法改按电话闭塞法行车时，准许列车凭路票越过进路上各关闭的信号机。在相关车场进路准备妥当后，方可填发路票。

需要时可沿此线裁成活页

（7）路票的核对。路票执行三核对制度，即车站值班员自检、车站值班员与助理值班员核对、助理值班员与司机核对。现车站值班员不与邻站值班员核对路票，但需通知路票流水号。

3. 红色许可证

车站行车室内一切电话中断，单线行车按书面联络法，双线行车按时间间隔法。列车进入区间的行车凭证均为红色许可证。

在双线自动闭塞区间，如闭塞设备作用良好时，列车运行仍按自动闭塞法行车，但车站与列车司机应以列车无线调度通信设备直接联系（说明车次及注意事项等）。当列车无线调度通信设备故障时，列车必须在车站停车联系。

4. 调度命令

调度命令除作为当班列车调度员的行车指示外，在一些特殊情况下，需作为列车占用区间的一种行车凭证，主要有向封锁区间开行救援列车、向封锁区间开行路用列车两种情况。

需要注意的是，当路用列车在非封锁区间装卸路料延长运行时间作业时，调度命令只作为向司机说明作业地点、作业方式及运行时间的行车指示，不作为占用区间凭证，列车仍以出站信号机的显示运行。

5. 车站值班员命令

向封锁区间开行救援列车，当调度电话不通时，列车占用区间的行车凭证为车站值班员命令。

车站值班员命令的号码采用两位阿拉伯数字（即 01 号至 99 号），每班顺序编号，一班内不得重号。

6. 半自动闭塞发车进路通知书

当发车进路信号机故障，或超长列车头部越过发车进路信号机发车时，需使用半自动闭塞发车进路信号机通知书发车。虽不是占用区间的行车凭证，但也是允许列车发车的凭证之一。

不向司机递交的半自动闭塞发车进路通知书可填写一份，列车头部越过最后一架不能使用的信号机后，车站值班员应划“×”注销。

7. 列车进入区间发现未携、错携、遗失行车凭证的处理办法

（1）司机发现未携带行车凭证或携带错误的行车凭证时，均应立即停车，并报告车站值班员（列车调度员），车站值班员报告列车调度员。车站值班员（列车调度员）接到报告后，应立即停止向该区间放行列车。

（2）列车在区间停车后，司机应与车站值班员（列车调度员）加强联系。当发现车次与运行方向一致，具备继续运行条件时，车站值班员（列车调度员）通知司机继续运行。当发现车次与运行方向不一致时，具备列车运行条件后，应组织列车退回站内或运行至前方站。

司机取得行车凭证并确认正确后在途中丢失时，可继续运行至前方站停车，并将情况报告车站值班员（已使用列车无线调度通信设备报告时除外）。

4.1.5 电话闭塞法的使用办法

1. 停止使用基本闭塞法改按电话闭塞法行车的情况

遇下列情况，应停止使用基本闭塞法，改用电话闭塞法行车。

（1）基本闭塞设备发生故障导致基本闭塞法不能使用、自动闭塞区间内两架及以上通过信号机故障或灯光熄灭时。

（2）无双向闭塞设备的双线区间反方向发车或改按单线行车时。

（3）发出由区间返回的列车，或发出挂有由区间返回后部补机的列车时。

（4）自动站间闭塞、半自动闭塞区间，由未设出站信号机的线路上发车，或超长列车头部越过出站信号机并压上出站方面轨道电路发车时。

（5）在夜间或遇降雾、暴风雨雪，为消除线路故障或执行特殊任务，开行轻型车辆时。

（6）半自动、自动站间闭塞法行车，遇出站信号机、线路所通过信号机不能正常开放时。

（7）仅具备单方向行车信号条件的单线自动闭塞区间，列车经无列车信号条件端办理发车时。

（8）设有双向闭塞设备的双线自动闭塞区间改按单线行车，遇一个方向闭塞设备发生故障时，以及办理反方向发车，当出站信号机故障时，应停止基本闭塞法，改用电话闭塞法行车。

2. 办理停止基本闭塞法和恢复的条件

（1）当基本闭塞法不能使用时，应根据列车调度员的命令采用电话闭塞法行车。向列车调度员申请调度命令前，需确认区间空闲，并说明区间、线别。

（2）遇列车调度电话不通时，闭塞法的变更或恢复，应由该区间两端站的车站值班员确认区间空闲后，直接以电话记录办理。列车调度电话恢复正常时，两端站车站值班员应及时向列车调度员报告。

（3）作业中遇设备故障或其他原因需要停用基本闭塞法改用电话闭塞法行车，同时又遇调度电话中断（两端站共同确认）时作业要点如下。

① 通知车站值班负责人。

② 在《行车设备检查登记簿》内登记，通知通信人员。

③ 两端站共同确认区间空闲。

④ 向接车站请求停用基本闭塞法改用电话闭塞法行车。

⑤ 得到接车站发出承认停用基本闭塞法改用电话闭塞法行车的电话记录号码。

⑥ 准备进路（根据设备故障等实际情况，结合前述该故障的进路准备方式）。

⑦ 确认进路正确（能从设备上确认的通过设备确认，不能通过设备确认的现场确认）。

⑧ 填写路票及车站值班员命令，核对正确后交与司机。

⑨ 指示发车或发车。

⑩ 需要恢复基本闭塞法行车时：如调度电话开通，则由列车调度员下达恢复基

本闭塞法行车的调度命令；如调度电话还处于中断状态，则由原请求改变闭塞法的车站请求，该区间另一车站确认区间空闲后，发出电话记录号码承认。

调度电话开通后，应将现场设备故障及作业情况向列车调度员报告。

在这里需要注意，当自动站间闭塞设备故障而半自动闭塞设备良好时，可根据调度命令改用半自动闭塞法行车。

3. 电话记录号码

停基改电闭塞法涉及的最重要一项是电话记录号码，且每一项发出或接收的电话记录号码均需填写在《行车日志》内。

1）需发出电话记录号码的情况

（1）承认闭塞。

（2）列车到达，补机返回。

（3）取消闭塞。

（4）单线或双线反方向越出站界调车。

2）电话记录号码的时间条件

电话记录号码自每日 0 时起至 24 时止，按日循环编号。

3）电话记录号码发布办法

（1）电话记录号码上行方向为双号、下行方向为单号，由车站自行编制。自每日 0 时起至 24 时止，不得使用重号（一个车站有两个及以上车场均能与同一车站办理接发车时，发出电话记录号码的办法，由两端站协商后在《站细》内规定）。

集团公司分界站电话记录号码与邻站协商后在《站细》内规定。

（2）区域集中指挥车站，路票电话记录号码由集中指挥站车站值班员统一编制，每个区间的电话记录号码按不同号段分别编制，并在《站细》内规定。

4）电话记录号码发布用语

承认闭塞：×次闭塞；×号×点×分，同意×次闭塞。

列车到达：×号、×（次）（×点）×（分）到。

补机返回：×号、×（次）补机（×点）×（分）回×站。

取消闭塞：×号、（×点）×（分）取消×（次）闭塞；同意×（次）取消闭塞。

通过以上电话记录号码发布办法得出结论：电话记录号码都是由对方承认站或者结束作业站发出，请求站发出请求，对方站承认后发布电话记录号码。但取消闭塞时，由请求站结束作业，发布电话记录号码。

4.1.6 故障按钮、总辅助按钮使用办法

1. 故障按钮的规定

在半自动闭塞区间，遇接车站轨道电路发生故障，闭塞设备停电后恢复供电，列车因故退回原发车站等情况时，车站值班员确认列车整列到达后，根据列车调度员命令，使用故障按钮，办理人工复原，并在《行车设备检查登记簿》内登记，并执行下列规定。

（1）使用故障按钮前，两端站车站值班员须共同确认区间空闲。由使用站向列

车调度员请求并说明使用原因和区间空闲。

（2）列车调度员在发布调度命令前须查明区间空闲，并同时向区间两端站发布。

（3）单线半自动闭塞区段使用故障按钮办理区间复原时，列车到达接车站（包括因故退回原发站）时，由接车站办理；停电后恢复供电时，由停电的车站办理；闭塞设备出现故障（如两站在办理闭塞时，双方闭塞表示灯不一致；无法使用复原按钮办理复原等情况），由闭塞设备故障的车站办理。双线半自动闭塞区段使用故障按钮办理区间复原时，由接车站办理。

（4）轨道电路自动站间闭塞区段，遇停电后恢复供电、设备故障等需使用故障按钮时，由停电、设备故障站办理。

（5）使用故障按钮时，要执行“眼看、手指、口呼”制度。设信号员的车站，车站值班员接到准许使用的调度命令后，指示信号员：“调度命令××号，办理××区间故障复原”，听取复诵无误后，命令“执行”。信号员得到“执行”的命令后方可使用。

（6）电务人员检修闭塞设备需使用故障按钮时，应在天窗内进行，履行登记和签认手续后，不需要请求调度命令。使用情况和计数器号码应在《行车设备检查登记簿》内登记，车站值班员应予以确认。

（7）使用故障按钮开通区间程序：

① 向发车站报点，确认区间空闲；

② 向列车调度员申请使用事故按钮的调度命令；

③ 与发车站核对调度命令；

④ 在《行车设备检查登记簿》内登记；

⑤ 使用事故按钮开通区间。

注：能否正常办理闭塞机复原的基本条件是确认闭塞表示灯显示单红或双红。在双红情况下，除进站信号机内方第一轨道电路区段红光带外，均能正常办理复原。但某些 6502 控制台设备在列车到达进路白光带解锁后才由单红转为双红。

2. 总辅助按钮的规定

（1）设有双向闭塞设备的自动闭塞区间，遇轨道电路发生故障等情况，需使用总辅助按钮改变闭塞方向时，车站值班员必须确认区间空闲后，根据列车调度员命令，使用总辅助按钮改变闭塞方向，并在《行车设备检查登记簿》内登记。

车站需使用总辅助按钮改变方向时，列车调度员须与两端站车站值班员确认区间空闲后，方可发布调度命令。

（2）自动闭塞区段在区间空闲时，因故使两站的监督区间表示灯均亮红灯时的辅助改方操作办法如下。

在区间空闲时，因故使两站的监督区间表示灯均亮红灯时，双方车站值班员在确认区间空闲后，原接车站若要改为发车站，须经原发车站同意后，两站共同完成辅助办理手续，方可改变运行方向。

对四线制方向电路，办理时先由原接车站值班员破封按下总辅助办理按钮和发车辅助办理按钮。辅助办理表示灯亮白灯，表示正在进行辅助办理改方手续。这时原发车站值班员破封按下总辅助办理按钮和接车辅助办理按钮，辅助办理表示灯亮白灯，表示本站也开始进行辅助办理改方手续，待原接车站发车方向表示灯亮绿灯及原发车站接车方向表示灯亮黄灯时，说明本次辅助办理结束。

对二线制方向电路，办理时先由原接车站值班员破封按下总辅助办理按钮和发车辅助办理按钮，辅助办理表示灯闪白色灯光，表示本站正在进行辅助办理。当原发车站值班员破封按压总辅助办理按钮和接车辅助办理按钮后，原接车站辅助办理表示灯亮稳定白色灯光，原发车站辅助办理表示灯亮稳定白灯，表示原发车站也已开始进行辅助办理，原发车站值班员此时可松开接车辅助办理按钮，辅助办理表示灯熄灭，表示本站辅助办理结束，原发车站已被改为接车站，接车方向表示灯亮黄色灯光。

原接车站需一直按压发车辅助按钮，直至发车方向表示灯亮绿色灯光后方可松手，表示辅助办理改方结束。

（3）自动闭塞区段车站反方向接车后，准备恢复正方向时，发车进路上道岔无表示或道岔区段轨道电路故障，恢复该区间正方向办法如下。

按压控制该区间的总辅助按钮和接车辅助按钮，使两端站出现“双接”。再按照出现“双接”的故障条件，使用辅助改方方法恢复正方向。

人为造成“双接”时已使用了总辅助按钮，该按钮为非自复式，当办理辅助改方时，确认辅助按钮表示灯点亮红灯，则无须再对该按钮进行操作，直接点击“发车辅助”按钮即可。

4.1.7 引导（手）信号的显示方式及引导接车的规定

（1）进站、接车进路信号机不能使用时，应开放引导信号。引导信号不能开放或无进站信号机时，应派引导人员接车。

（2）引导接车时，列车以不超过 20 km/h 速度进站，并做好随时停车的准备。由引导人员接车时，应在引导员接车地点标处（未设的，引导人员应在进站信号机、进路信号机或站界标外方），显示引导手信号接车。列车头部越过引导信号，即可关闭信号或收回引导（手）信号。

（3）引导信号应在列车头部越过信号机后及时关闭。

（4）通过控制台（显示屏）和现场分别准备进路时，车站值班员须分别得到检查、确认进路正确的报告后，方可开放引导信号或通知引导人员接车。

（5）车站值班员已派出引导人员接车后，不准变更接车顺序。

（6）派引导人员接车时，每个存在故障的接车进路信号机均须派人显示引导（手）信号。

任务 4.2　天气不良时办理接发列车

4.2.1　天气不良条件下的行车办法

（1）遇天气恶劣，信号机显示距离不足 200 m 时，司机或车站值班员须立即报告列车调度员，列车调度员应及时发布调度命令，改按天气恶劣难以辨认信号的办法行车（附调度命令）。车站值班员需逐列向司机传达调度命令。

（2）当无法辨认出站（进路）信号机显示时，在列车具备发车条件后，司机凭车站值班员列车无线调度通信设备（其语音记录装置须作用良好）的发车通知起动列车，在确认出站（进路）信号机显示正确后，再行加速。

（3）天气转好时，应及时报告列车调度员发布调度命令，恢复正常行车。

注：在现实作业中，天气不良调度命令一般为车站值班员向司机转达，司机应答。需要注意的是需根据车站天气情况随时组织司机关注天气变化情况，转好时及时转报列车调度员下达恢复正常行车调度命令，减轻作业强度。

（4）助理值班员无法确认出站信号显示时，可通过车站值班员或信号员确认，得到信号已开放的通知后，在语音记录装置作用良好条件下，使用列车无线调度通信设备发车。

（5）有乘降作业的旅客列车、发车人员的列车无线调度通信设备故障或语音记录装置作用不良时，车站值班员应组织发车人员提前到便于司机确认发车手信号的位置，做好发车准备，不得使用列车无线调度通信设备组织发车。

（6）无联锁接发车、分路不良区段作业等不能通过设备确认线路空闲时，车站值班员派胜任人员到现场检查，两人及以上检查时车站值班员要进行分工，检查完毕后向车站值班员报告。

4.2.2　天气不良时对行车作业要求

（1）遇降雾、暴风雨雪时，禁止办理跟踪出站调车。

（2）遇暴风雨雪时，禁止手推调车。

（3）遇降雾、暴风雨雪时禁止办理或使用轻型车辆，为消除线路故障或执行特殊任务除外。

（4）在降雾、暴风雨雪及其他不利条件下，难以辨认信号时，列车不准退行。

（5）在昼间遇降雾、暴风雨雪及其他情况，致使停车信号显示距离不足 1 000 m，

需要时可沿此线裁成活页

注意或减速信号显示距离不足 400 m，调车信号及调车手信号显示距离不足 200 m 时，应使用夜间信号。

4.2.3 汛期行车办法及行车安全措施

1. 汛期警戒值

汛期警戒值分为限速警戒值和封锁警戒值，主要依据每小时降雨量和 24 h 连续降雨量结合每小时降雨量确定。各地区结合地形、线路设备特点的不同，设定的警戒值也不尽相同。

（1）限速警戒：立即办理区间限速，限速范围、速度由工务人员根据现场情况确定，但不得超过 45 km/h。工务段派人昼夜看守，监测轨道、梁体、墩台、支座以及护锥、导流等设备状态。当水位下降至限速警戒值以下时，经确认安全后解除限速警戒。

（2）封锁警戒：立即拦停、扣停列车，封锁线路。工务段派人昼夜看守，加强对前述线桥各部位的检查监测。根据水位、有无大型漂流物和设备状态等情况，逐级解除封锁、限速、看守警戒，水位回落迅速且设备状态允许时，可直接恢复原速。

注：车站值班员接到水害需封锁区间或限速运行的报告后，可先拦停列车封锁区间或通知司机限速运行，再履行报告列车调度员下达封锁区间或限速运行的调度命令等手续。

2. 行车安全措施

（1）列车调度员接到汛情或险情报告后，及时发布封锁区间或列车限速运行的调度命令。

（2）车站值班员认真执行“两扣车”要求：即接到有危及行车安全的水害报告时；站内水漫线路，无法确认前方进路时。

（3）遵循“宁可错拦、不可错放，宁可错停、不可错行”的原则，严禁冒险放行列车。各单位人员因误判造成列车误停、运缓等不追究责任。

工务人员遇水漫钢轨情况不明时；道床冲空、路基边坡冲刷严重，危及行车安全时；山体滑坡落石及不易搬出的障碍物侵入限界时；路基严重松软下沉，线路几何尺寸发生较大变化时；桥梁墩台基础冲空、桥上轨向变化时；洪水水没桥梁梁底时；其他情况危及行车安全时；等等。结合以上这些必须拦停列车的要求，直接反馈的对象就是车站值班员，因此车站值班员必须做到反应及时的同时，采取正确的拦停列车方式，如于双线、两线或多线区间，接到区间水害的报告后，要考虑邻线水害影响，拦停相关列车。

机车乘务员应清楚防洪重点处所位置。列车运行中，机车乘务员要认真瞭望，遇情况不明、瞭望困难、异常晃车时适当减速或停车检查，发现险情及时采取措施，并报告两端站的车站值班员或列车调度员。

任务 4.3　组织开行路用列车、救援列车

4.3.1　路用列车开行办法及规定

1. 开行路用列车的行车凭证

向施工封锁区间开行路用列车时，列车进入封锁区间的行车凭证为调度命令。该命令中应包括列车车次、停车地点、到达车站的时刻等有关事项，需限速运行时在命令中一并注明。

施工中调度电话中断，车站值班员接到施工负责人的请求，急需向施工地点送料开行路用列车时，车站值班员取得邻站同意后方可办理。列车凭车站值班员命令进入区间，此时应在命令中注明列车车次、停车地点、返回车站时间等有关事项，需限速运行时在命令中一并注明。如施工地点已有列车，并应写明施工地点的机车停止作业和停车地点。

2. 开行路用列车行车凭证的交付

向封锁区间开行路用列车时，需向司机递交书面调度命令。

有施工路用列车、自轮运转特种设备参加的施工作业，当区间封锁或区间与站内线路连同封锁时，调度命令作为行车凭证，转施工负责人的，由车站交驻站联络员转达；转本务司机的由车站递交；其他情况不作为行车凭证时，车站交驻站联络员，由驻站联络员向施工负责人和本务司机转达。

作为行车凭证的调度命令应在发车进路准备妥当后，车站值班员方可与递交人员核对、交付。

递交调度命令人员与司机核对无误后方可向司机交付，并将交付的调度命令号码向车站值班员报告。

3. 开行路用列车注意事项

向施工封锁区间开行路用列车，原则上每端只准进入一列，如超过时，其安全措施及运行办法规定如下。

（1）由一端站连续进入两列及以上的路用列车（包括自轮运转特种设备，本条以下同）时，后续列车与前行列车应不少于 7 min 间隔。列车应按调度命令指定地点停车，列车停车地点相互距离不得少于 1 km，调度命令上应写明各列车车次。

（2）列车由两端站相对进入区间时，两列车停车后的相互距离不得少于 2 km。

（3）施工完了列车返回车站时，列车开行间隔按 7 min 办理。列车调度员得到车

站值班员列车全部返回车站、施工已销记的报告，确认区间空闲后方可开通区间。

4. 路用列车进出车站作业办法

（1）按规定施工作业车跟踪前行列车进入区间时，当施工作业车由两端站进入同一条线路时，待前行列车到达接车站，跟踪前行列车的施工作业车到达指定地点停车后，对方站待发的作业车才准进入封锁区间。

（2）路用列车在封锁区域内运行时，司机不得凭信号机显示动车，必须按路用列车现场指挥人的指挥作业。在具备条件的情况下，车站应在施工开始前安排路用列车进入站内施工地点。

（3）区间与站内线路连同封锁时，施工路用列车进出施工封锁区域按调车方式办理，助理值班员不接发车；仅区间封锁助理值班员接发车。

（4）区间与站内线路连同封锁时，路用列车进出车站时，路用列车现场指挥人或驻站联络员须提前与车站值班员进行联系，经车站值班员同意，并确认具备条件后，通知司机，司机按路用列车现场指挥人指挥进出车站。具备开放进站信号条件进入车站时，应开放进站信号准备进路。

（5）站内线路封锁及区间与站内线路连同封锁时，路用列车现场指挥人或驻站联络员在确认具备条件后向车站值班员申请准备进路；路用列车所经封锁区域内能集中操纵的道岔，由车站值班员根据路用列车现场指挥人或驻站联络员的请求准备进路；车站不能集中操纵的道岔，经车站准许后由施工单位负责按有关规定准备进路并报告车站值班员。

（6）路用列车进出封锁区域以及在封锁区域内运行，当开放调车、列车信号或使用进路光带准备进路时，必须对进路上封锁区域内的道岔同时单独锁闭。

5. 向封锁区间开行路用列车时作业要点

（1）向列车调度员报告。

（2）通知车站值班负责人。

（3）接收封锁区间开行路用列车的调度命令，封锁区间。

（4）开放调车信号准备进路。

（5）打印（书写）调度命令（封锁施工中遇调度电话中断时，书写车站值班员命令）交与路用列车司机。

（6）发车。

（7）需要开行续行路用列车时，应保证后续列车与前行列车有不少于 7 min 的间隔。

（8）路用列车返回时，开放进站信号接车或按引导办法将列车接入站内。

（9）路用列车到达本站（对方站），区间空闲具备开通条件后，报告列车调度员，接收开通区间的调度命令。

（10）开通区间。

4.3.2 救援列车开行办法及规定

1. 开行救援列车的行车凭证

向封锁区间发出救援列车时，不办理行车闭塞手续，以列车调度员的命令，作为进入封锁区间的许可。

当列车调度电话不通时，应由接到救援请求的车站值班员根据救援请求办理，救援列车以车站值班员的命令，作为进入封锁区间的许可。

2. 开行救援列车的要求

（1）救援列车的出发或返回，均应通知列车调度员及对方站。如事故现场设有临时线路所时，车站值班员应于发车前，取得线路所值班员的同意。

（2）救援列车在区间进行事故救援时，根据列车调度员的调度命令方可办理。对发往区间预定返回的列车，应在调度命令中写明往返车次。推进运行不得超过一个区间。

（3）列车在区间被迫停车必须救援时，原则上应安排单机、货物列车本务机车救援，特殊情况必须利用旅客列车或军用列车本务机车担当救援，须经集团公司董事长（总经理、副总经理）批准。原则上不得利用区间内运行的列车本务机车担当救援任务，特殊情况利用区间运行的列车本务机车担当救援时，必须保证本务机车摘开后，列车中仍有有动力的机车。禁止使用列车无线调度通信设备故障的机车担当救援。

救援机车担当区段的前方各站，不准变更旅客列车的固定走行径路。

当救援完毕具备原货物列车运行条件时，可按原货物列车条件组织发车。

3. 区间救援（向封锁区间开行救援列车）时作业要点

（1）接到救援请求。

（2）向列车调度员报告。

（3）通知车站值班负责人。

（4）需要开行救援列车时，接收封锁区间并派出救援列车的调度命令（调度电话中断时，通知邻站），封锁区间。

（5）开放调车信号准备进路。

（6）打印（书写）调度命令（调度电话中断时，书写车站值班员命令）交与救援列车（单机）司机。

（7）通知车站值班负责人添乘机车（需要时），发车。

（8）救援列车需由区间返回时，开放进站信号接车或按引导办法将列车接入站内。

（9）救援列车到达，确认区间空闲具备开通条件后，向列车调度员报告，接收开通区间的调度命令。

（10）开通区间。

需要时可沿此线裁成活页

任务 4.4 站内无空闲线路时组织接车

4.4.1 站内无空闲线路准许办理接车的条件

在站内无空闲线路的特殊情况下，只准许接入为排除故障、事故救援、疏解车辆等所需要的救援列车、不挂车的单机及重型轨道车。上述列车均应在进站信号机外停车，由接车人员向司机通知事由后，以调车手信号旗（灯）将列车领入站内。

4.4.2 站内无空闲线路准许办理接车办法

（1）在站内无空闲线路的特殊情况下确需接入上述规定的列车时，须经列车调度员的准许。

（2）接车前，车站值班员应使用列车无线调度通信设备或指派胜任人员通知接车线内列车、机车、自轮运转特种设备司机禁止移动。

（3）列车在机外停车后，接车人员应先当面通知司机接入线路、停留车位置及有关注意事项等事由，再以调车手信号旗（灯）将列车领入站内，推进运行时在车列前端领车。

4.4.3 站内满线接车时作业要点

遇水害或其他特殊原因造成站内满线，需要接入为排除故障、事故救援、疏解车辆等所需要的救援列车、不挂车的单机及重型轨道车时的作业要点如下。

（1）向列车调度员报告满线情况，提出为排除故障、事故救援、疏解车辆等需要救援列车、不挂车的单机及重型轨道车的请求。

（2）通知车站值班负责人。

（3）指派胜任人员现场检查线路占用情况（停留车距警冲标距离）。

（4）确定接车线。

（5）请求并接收站内满线接车的调度命令。

（6）通知接车线内机车司机禁止移动。

（7）开放调车信号准备接车进路。

（8）通知胜任人员携带手信号旗（灯）及列车无线调度通信设备，前往进站信号机外接车。列车在进站信号机外停车后，通知司机有关事项，与车站值班员联控后，以调车手信号旗（灯）领车进站。

（9）列车到达后，需要使用故障按钮开通区间时，请要使用故障按钮的调度命令。

注：单、双线半自动闭塞区段，均由接车站请求。

任务 4.5　一切电话中断行车办法

4.5.1　一切电话中断的定义

在运转室调度电话、站间闭塞电话、自动电话（拨号电话）中断时，方可定义为一切电话中断。配有 GSM－R 数字电话且作用良好时，不视为一切电话中断。

4.5.2　一切电话中断后的行车办法

车站行车室内一切电话中断，单线行车按书面联络法，双线行车按时间间隔法。列车进入区间的行车凭证均为红色许可证。

在双线自动闭塞区间，如闭塞设备作用良好时，列车运行仍按自动闭塞法行车，但车站与列车司机应以列车无线调度通信设备直接联系（说明车次及注意事项等）。如列车无线调度通信设备故障时，列车必须在车站停车联系。

4.5.3　一切电话中断后确定发车权办法

（1）单线区间已办妥闭塞而尚未发车的车站。

（2）单线区间未办妥闭塞时：

① 单线区间为发出下行列车的车站；

② 双线改为单线行车时，为该线原定发车方向的车站；

③ 同一线路同一方向运行的列车，有上下行两种车次时，铁路局规定优先发车的车站。

第一个列车的发车权为优先发车的车站所有，如优先发车的车站没有待发列车时，应主动用通知书通知非优先发车的车站。非优先发车的车站，如有待发列车时，应在得到通知书以后方可发车。

第一个列车的发车站，在发车前应查明区间已空闲，并在通知书上记明下一个列车的发车权。如为本条第 1 项所规定的发车站发车时，持有行车凭证的列车，还应发给通知书；如无行车凭证，列车应持红色许可证开往邻站。以后开行的列车，均凭通知书上记明的发车权办理。

通知书，应采取最快的方法传送，优先方向车站如无开往区间的列车时，在确认区间空闲后，可使用重型轨道车或单机传送。

（3）双线按时间间隔法行车时，只准发出正方向的列车。非自动闭塞区间发出第一趟列车时，在发车前应查明区间已空闲。

一切电话中断后，连续发出同一方向的列车时，两列车的间隔时间，应按区间规定的运行时间另加 3 min，但不得少于 13 min。

举例说明：区间运行时间为 7 min，另加 3 min，则以 13 min 为发车间隔；区间运行时间为 12 min，另加 3 min，则以 15 min 为发车间隔。

4.5.4 一切电话中断后禁止发出的列车

（1）在区间内停车工作的列车（救援列车除外）。

（2）开往区间岔线的列车。

（3）须由区间内返回的列车。

（4）挂有须由区间内返回后部补机的列车。

（5）列车无线调度通信设备故障的列车。

以上列车均需在区间进行作业，在无法与邻站取得联系的情况下，不得进行作业。

任务 4.6　轨道电路分路不良区段办理行车

轨道电路分路不良指轨道电路轨面因为不良导电物影响，造成机车车辆占用轨道时信号联锁失效。具体表现就是控制台（显示器）上机车车辆占用表示丢失或跳变。

轨道电路是电气集中车站用于反映机车车辆占用或区段空闲的设备，它通过机车车辆轮对连通两侧钢轨，从而正确反映该区段是否占用。如发生轨面生锈、轨面撒沙过多造成绝缘、车轮生锈、车轮粘有异物等情况时，即可能产生轨道电路分路不良。

分路不良会产生轨道区段有车占用而无占用表示的现象，可能造成道岔在有车占用的情况下可以转动，导致机车车辆脱轨或挤道岔，以及将分路不良区段停留的机车车辆遗忘，错误向占用区段排列进路，构成未准备好进路接车或机车车辆冲突等严重危害。

4.6.1　分路不良管理基本规定

（1）发现控制台（显示屏）有车占用而无占用表示时，须在《行车设备检查登记簿》内登记、签字。

临时发生轨道电路分路不良时，原则上应由车站（机务）、电务、工务等有关人员共同确认。

（2）轨道电路分路不良区段，由电务人员在控制台上进行标识，在计算机联锁、CTC 操作终端（指车站和调度所终端）进行设置，不能设置时在平面示意图上进行标识。

（3）电务人员确认轨道电路分路不良后，应及时在《行车设备检查登记簿》内准确登记该区段（股道、道岔定位 / 反位、与分路不良道岔有联锁关系的其他道岔）名称及其范围；仍能使用其联锁条件办理行车时，须注明“不影响正常排列进路、开放信号”。在调度集中区段，电务人员还应在相关调度台的《行车设备检查登记簿》内登记，并保证车站、调度所《行车设备检查登记簿》内登记内容和操作终端上的设置一致。

轨道电路分路不良区段消除后，电务人员要及时销记。轨道电路分路不良区段数量发生变化后，电务人员要将全站（场）分路不良区段全部重新登记，车站值班员进行签认。

4.6.2 经轨道电路分路不良区段作业的规定

（1）每次办理列车或调车进路前，必须亲自或指派胜任人员确认与进路有关的分路不良区段空闲后，方可准备进路。确认轨道电路分路不良区段空闲的办法如下。

① 旅客列车、挂有作用良好列尾装置的货物列车、单机运行时，可通过控制台（显示屏）确认出清轨道电路分路不良区段的下一良好轨道电路区段；接其他列车时，确认列车越过轨道电路分路不良区段且尾部标志齐全。

② 经分路不良区段调车作业后得到到达折返地点的报告。

③ 通过目视、站场视频设备确认。

调度集中区段，列车调度员不能确认空闲时，在办理进路前，必须指定车站人员确认。在车站调车操作方式、车站操作方式下，车站确认空闲后将闪烁的分路不良区段设置为稳定状态；在中心操作方式下由列车调度员设置，不能确认空闲时，根据车站的报告设置。

区域集中指挥区段，车站值班员（信号员）不能确认空闲时，在办理受控站列车或调车进路前，必须指定受控站人员确认。

（2）办理进路、开放信号并确认无误后，将进路上轨道电路分路不良区段道岔单独锁闭（CTC、CIPS 设备设置了轨道电路分路不良的道岔按列车或调车信号显示作业时除外），且严禁排列或预排与其相关的进路；排列调车进路时，须将该调车信号机防护区段内所有道岔单独锁闭。

（3）在人工确认列车或机车车辆全部出清分路不良的轨道区段前，严禁操纵该进路上的有关道岔及与其有联锁关系的其他道岔，不得解除分路不良区段道岔的单独锁闭。

（4）自动闭塞区段车站值班员（列车调度员）得知区间轨道电路分路不良时，不得再向该区间放行续行列车，通知有关邻站车站值班员，车站值班员报告列车调度员。如区间内有尚未经过轨道电路分路不良区段的列车，应通知各次列车立即停车，确认前行列车整列到达前方站（线路所）后，逐列恢复运行，指示后列恢复运行前必须确认前列已整列到达前方站（线路所）。区间空闲后，按站间组织行车，接车站须确认列车整列到达，向发车站通报列车到达时刻。

车站应结合设备实际，在《站细》内规定轨道电路分路不良的具体作业办法。

（5）长时间停留的机车车辆轮对生锈或粘有异物，可能造成轨道电路分路不良时，所属（管辖）单位有关负责人应向车站值班员报告，并及时填记《行车设备检查登记簿》。调度集中中心操作方式、车站调车操作方式车站，车站值班员还须立即报告列车调度员。

在办理接发列车或调车作业时，应向有关作业人员传达清楚。排列进路、开放信号经确认无误，并将进路上所有道岔单独锁闭后，方可作业。在列车或机车车辆全部出清进路前，严禁操纵该进路上的有关道岔及与其有联锁关系的其他道岔。

（6）调动保留（封存）车辆或保留（封存）车辆编入列车开车时，车站值班员应向有关作业人员传达清楚。排列进路、开放信号，经确认无误，并将进路上所有道岔单独锁闭后，方可作业。在列车或机车车辆全部出清进路前，严禁操纵该进路上的有关道岔及与其有联锁关系的其他道岔。

（7）自动闭塞区段车站值班员（列车调度员）得知区间轨道电路分路不良时，不得再向该区间放行续行列车，通知有关邻站车站值班员，车站值班员报告列车调度员。如区间内有尚未经过轨道电路分路不良区段的列车，应通知各次列车立即停车，确认前行列车整列到达前方站（线路所）后，逐列恢复运行，指示后列恢复运行前必须确认前列已整列到达前方站（线路所）。区间空闲后，按站间组织行车，接车站须确认列车整列到达，向发车站通报列车到达时刻。

需要时可沿此线裁成活页

任务 4.7 施 工 作 业

4.7.1 《行车设备施工登记簿》填记

1.《行车设备施工登记簿》的登记范围

（1）凡纳入月度施工计划、施工电报、施工调度命令确定的施工项目（包括由车站负责的施工项目）、“天窗修”作业，均需在车站《行车设备施工登记簿》内登、销记。

（2）对其他突发性设备故障应急处理的抢修作业，在车站《行车设备检查登记簿》内执行登、销记制度。

2. 请求施工（慢行及封锁）登记

（1）“本月施工编号”栏：填写施工计划类别和序号、施工电报号或施工调度命令号码。

（2）“月日、时分、施工项目、影响使用范围、所需时分、施工单位负责人、设备单位检查人”栏：由施工单位和配合单位负责人（或其委托人，以下同）填写。施工单位和配合单位所需登记的内容应按顺序分别登记在一起，确认无误后分别签名；多家施工单位（多项施工）共用同一天窗时，各施工单位应另起一行分别登记签名。各施工单位在填记影响使用范围时，必须符合施工计划、施工电报、施工调度命令规定，内容包括施工前需列车慢行的速度、施工影响范围、配合单位施工影响范围和列车运行指示等，本行填不下时，可在下行接续填记。“所需时分”栏填记施工计划、施工电报或施工调度命令规定的时间。设备管理单位检查人签字时，要注明本单位简称。

（3）“车站值班员签认”栏：车站值班员确认施工单位登记内容无误及设备管理单位检查人（或其委托人，以下同）签认后方可签认。

（4）施工单位负责人与设备单位检查人均为同一单位时，“施工单位负责人”栏和“设备单位检查人”栏均填写施工单位负责人姓名。

3. 承认施工

（1）“命令号、发令时间、慢行及封锁起止时间”项和“车站值班员签认”栏均由车站值班员填写。施工负责人确认后在“施工单位负责人”栏签名。

（2）“车站值班员签认”栏：车站值班员对照施工计划、电报或施工调度命令，核对施工单位登记内容正确后，根据施工单位请求，提前请求调度命令。车站值班员根据调度命令，有配合单位的施工，在末格给予一次签认；利用同一天窗的多项施工，每项施工分别给予签认。

4. 施工后开通检查确认

销记时全部销记后，经设备管理单位（施工与设备管理单位相同时除外）确认签名，再统一交车站值班员。车站值班员逐个核对、签认无误后，方可报告列车调度员开通线路。

（1）各单位影响线路使用的施工完毕后，由施工单位负责人组织施工及配合单位在“设备单位检查人、开通命令及开通时间、施工负责人”栏分别进行销记签名；多家施工单位共用同一天窗时，由施工主体单位组织各施工、配合单位销记签名。

（2）车站值班员在确认销记内容和各施工单位人员签字均正确后，应立即向行车调度员请求开通命令，得到列车调度员的开通命令后，在“开通命令及开通时间”栏施工单位销记内容的下方填写开通命令号和时间，同时在“车站值班员签认”栏签名。对“天窗修”维修作业无开通调度命令时，车站值班员应在销记内容的下方只填写开通时间。

（3）开通后涉及列车限速运行时，施工单位应将限速条件一并填记。

（4）电务在开通前进行联锁关系试验使用各种加封计数器按钮时，信号人员应在车站《行车设备检查登记簿》“设备检修”页内登、销记计数器按钮的加封状况。

5. 开通后恢复常速确认

（1）施工结束开通后无列车限速条件的，“开通后恢复常速确认”项不填记。

（2）施工开通后涉及列车限速运行的，在列车运行恢复常速时，由施工负责人对应销记，设备管理单位检查人和车站值班员进行签认。

6.“备注”栏

填记施工监控负责人到场时间、姓名和其他特殊要求或注意事项。

7. 施工封锁前需列车限速运行的登记要求

（1）施工封锁前需列车限速运行时，慢行登记与封锁施工须分别登记。

（2）施工单位负责人要在列车慢行前 40 min 按施工计划、电报、施工调度命令的慢行要求，在“请求施工（慢行及封锁）登记”项各栏内进行登记和签名，设备主管单位负责人确认后，在“设备单位检查人”栏内签名。车站值班员确认并取得列车调度员同意后在“承认施工”项内给予签认和承认慢行起止时间，施工单位负责人确认后在“承认施工”项内的“施工单位负责人”栏内签名。对应的“施工后开通检查确认”和“开通后恢复常速确认”项内各栏均不填记。

4.7.2 施工进路准备及行车凭证使用办法

向施工封锁区间开行路用列车时，列车进入封锁区间的行车凭证为调度命令。该命令中应包括列车车次、停车地点、到达车站的时刻等有关事项，需限速运行时在命令中一并注明。

1. 路用列车开行办法

（1）施工时，除本项施工外的车列或列车不得进入封锁区间。进入封锁区间的

需要时可沿此线裁成活页

施工列车司机应熟悉线路和施工条件。

（2）向施工封锁区间开行路用列车，原则上每端只准进入一列，如超过时，安全措施及运行办法如下。

① 由一端站连续进入两列及以上的路用列车（包括自轮运转特种设备，本条以下同）时，后续列车与前行列车应不少于 7 min 间隔。列车应按调度命令指定地点停车，列车停车地点相互距离不得小于 1 km，调度命令上应写明各列车车次。遇特殊情况前行列车在指定地点前停车时，司机须通知后续列车停车，并由随乘人员做好防护工作。

② 列车由两端站相对进入区间时，两列车停车后的相互距离不得小于 2 km。

③ 停车后的作业按调车办理。调度命令上应记明两列车车次、停车地点等。

④ 按规定，施工作业车跟踪前行列车进入区间时，当施工作业车由两端站进入同一条线路时，待前行列车到达接车站，跟踪前行列车的施工作业车到达指定地点停车后，对方站待发的作业车才准进入封锁区间。

（3）遇抢修救援等特殊情况需临时开行自轮运转特种设备时，由使用单位向始发站车站值班员说明使用目的、运行地点、运行速度及其他有关事项，由车站值班员转报列车调度员，经批准后方准执行。

2. 施工中准备进路的相关要求

1）施工中依次按下列方式准备进路、锁闭道岔

（1）排列调车进路。不具备排列正方向调车进路时，可排列反方向调车进路。正方向调车进路不能完全锁闭道岔，反方向调车进路能锁闭时，优先使用反方向调车进路。

（2）信号机不能开放，能排列列车或调车进路光带时，使用光带锁闭道岔。

（3）不能以上述方式准备进路，但道岔能集中操纵时，单操至所需位置，实施单独锁闭。

（4）按施工影响范围联锁失效的道岔，施工中如能集中操纵，可按上述规定准备进路，现场确认正确后，必须使用勾锁器按规定加锁。

（5）无联锁道岔，施工期间路用列车（自轮运转特种设备）必须使用时，由施工单位负责准备进路，使用紧固装置紧固并加锁。

（6）遇有施工需现场准备接发车进路时，电务部门（施工单位）必须将进路上的道岔转辙机遮断器断开（室内可集中操纵的道岔除外）。

2）设备施工过渡期间保证进路安全的规定

（1）站场设备施工过渡期间，对封锁线路或未投入使用新线的两端道岔须执行以下规定。

① 道岔定反位有联锁，室内具备单独锁闭条件的道岔，车站将线路两端联锁道岔置于不能进入该线的位置，并在控制台（显示屏）实施单独锁闭。电务部门负责将道岔的启动条件切断。

电务部门对联锁道岔切断启动条件后，在车站《行车设备检查登记簿》“设备检修”页内登记，车站值班员核对登记内容正确无误后签字。

② 控制台（显示屏）有定反位显示的道岔，但转辙机不起锁闭作用（电务部门须在《行车设备检查登记簿》内登记说明），由施工单位确认密贴后，将能进入线路两端道岔的尖轨进行紧固，车站负责人须现场把关。电务部门对联锁道岔切断启动条件，车站对道岔的尖轨、可动心轨、分动外锁闭斥离尖轨使用勾锁器加锁。

电务部门对联锁道岔切断启动条件后，施工单位在车站《行车设备检查登记簿》“设备检修”页内登记，车站值班员核对登记内容正确无误后签字。

控制台（显示屏）没有显示的临时插入道岔，由施工单位确认密贴后，将能进入线路两端道岔的尖轨进行紧固，车站负责人须现场把关。车站对道岔的尖轨、可动心轨、分动外锁闭斥离尖轨使用勾锁器加锁。

③ 车站值班负责人在当日施工结束后及每日早、晚要对道岔加锁、紧固或钉固的状态进行巡检，发现道岔紧固或钉固点松动时，要立即通知有关单位处理。值班负责人巡检道岔时，要派人现场防护。

（2）车站道岔和按钮操纵规定。

① 电务部门以及电务部门配合的垂直天窗作业，自施工开始时起至施工结束，均由电务人员操纵道岔和按钮。有施工作业车参加作业时，涉及进路准备的道岔和按钮由车站信号操纵人员负责，车站准备进路期间禁止电务部门操纵道岔和按钮。

新建站场或线路未交付前，由施工单位负责操纵道岔和按钮，当新建站场或线路与车站使用同一控制台（显示屏）时，须经车站准许后，方可操纵。

② 有联锁试验的施工，在施工计划规定的联锁试验时间内，应由电务部门负责操纵，严禁操纵影响范围以外的道岔和按钮；同一控制台（显示屏）在联锁试验期间，非施工区域产生接发车或调车作业情况时，须经车站准许后，方可操纵道岔和按钮。

③ 其他施工、天窗点外检查、设备临时故障维修等，需要操纵道岔和按钮时，由施工单位驻站联络员向车站提出口头申请，由车站信号操纵人员负责。

3. 行车凭证

1）行车凭证填写、使用、递交的规定

（1）非正常情况下车站使用行车凭证发车时，在发车进路准备妥当后，方可向司机递交（转达、发送）行车凭证。

（2）有施工路用列车、自轮运转特种设备参加的施工作业，当区间封锁或区间与站内线路连同封锁时，调度命令作为行车凭证，转施工负责人的，由车站交驻站联络员转达；转本务司机的由车站递交；其他情况不作为行车凭证时，车站交驻站联络员，由驻站联络员向施工负责人和本务司机转达。

（3）行车凭证填写、使用、递交的相关作业办法在《站细》内规定。

2）向通过列车交付行车凭证的规定

遇有运行揭示调度命令时，在列车无线调度通信设备和车站语音记录装置作用良好的情况下，车站对通过的列车不交付书面行车凭证，车站值班员按规定办理行车手续，使用列车无线调度通信设备将相关内容（路票为电话记录号码，绿色许可证、半自动闭塞发车进路通知书为编号和内容，书面通知为内容）通知司机，并听

需要时可沿此线裁成活页

取司机复诵正确。

遇列车无线调度通信设备或车站语音记录装置故障，以及临时需向通过的列车交付书面行车凭证时，须停车交付。

对通过的列车，接车站（场）不收回路票。

4. 施工特定行车办法

1）制定施工特定行车办法的原则及要求

制定施工特定行车办法的目的是在保证安全的前提下提高列车运行速度，减少施工作业对列车运行秩序的影响。

（1）要求在施工方案内明确：一是为了使司机通过运行揭示掌握列车运行的变化；二是为了使车务人员在施工前做好相应的准备工作（如提前做好行车方法的培训，引导员上岗时携带绿色手信号灯或信号旗等）。

（2）要求固定正线上通过：一是列车运行速度提高后，如在侧线办理通过，进路上全部或部分道岔是人工加锁，列车高速通过道岔曲股不能保证安全；二是如变更接发车进路，给车务人员准备进路的时间不足，很可能忙中出错。

（3）不能通过时要求机外停车：是因为按施工特定行车办法行车时，列车按规定是在车站通过，在不能通过时如变更站内停车，作为进站信号的特定引导手信号不能显示停车信号。

（4）递交书面行车凭证和调度命令时须停车交付，为提高效率，故准许车站不再向司机递交书面行车凭证和调度命令，但语音记录装置的记录功能必须良好，保证对通话过程有正确的记录。

2）特殊情况下的施工特定行车办法

遇有施工又必须接发列车的特殊情况时，可按以下施工特定行车办法办理。

（1）车站采用固定进路的办法接发列车。施工开始前，车站须将正线进路开通，并对进路上所有道岔按规定加锁（集中联锁良好的道岔可在控制台上进行单独锁闭）。有关道岔密贴的确认及具体的加锁办法，由铁路局规定。

（2）引导接车并正线通过时，准许列车司机凭特定引导手信号的显示，以不超过 60 km/h 速度进站。

（3）准许车站不向司机递交书面行车凭证和调度命令。但车站仍按规定办理行车手续，并使用列车无线调度通信设备（其语音记录装置须作用良好）将行车凭证号码（路票为电话记录号码、绿色许可证为编号）和调度命令号码通知司机，得到司机复诵正确后，方可显示通过手信号。列车凭通过手信号通过车站。

3）施工特定行车具体安全行车办法

（1）只准在列车正线通过时（侧进时除外），方可采用施工特定行车办法，对采用施工特定行车办法的车站，必须在月度施工计划或临时施工电报中注明。施工未按计划时间进行时，列车调度员须及时向车站和有关列车发布修订运行揭示的调度命令。

（2）施工前，车站将进路上失去联锁的道岔使用勾锁器加锁，并现场确认道岔密贴，未失去联锁的道岔在控制台（显示屏）上单独锁闭，具备开放调车信号条件时还要开放信号。道岔加锁后至施工结束前不准再扳动（如联锁试验需扳动道岔时，必须停止接发列车和调车作业）。

（3）采用施工特定行车办法行车，遇列车不具备通过条件时，应使列车机外停车。

（4）从监督器上不能确认第一闭塞分区空闲（电话闭塞法行车时除外）以及列车无线调度通信设备或语音记录装置故障时，不准采用施工特定行车办法行车。

（5）特定引导手信号必须在站内通过手信号已显示或发车进路、出站信号机已全部开放后，方可显示。

（6）车站值班员应将当日实际施工调度命令号码通知司机。

4）特定引导手信号显示方式

特定引导手信号显示方式：昼间为展开绿色信号旗高举头上左右摇动，夜间为绿色灯光高举头上左右摇动，如图 4-7-1 所示。

(a) 昼间——展开绿色信号旗高举头上左右摇动　(b) 夜间——绿色灯光高举头上左右摇动

图 4-7-1　特定引导手信号

任务 4.8 普速铁路列车占用丢失行车处置措施

4.8.1 自动闭塞区段未开通继电式逻辑检查功能车站处置措施

普速铁路自动闭塞区段（具备列控中心区间占用逻辑检查功能、继电式逻辑检查功能的区段除外），CTC/TDCS 区间列车占用丢失报警或车站值班员（列车调度员）发现及得到区间列车占用丢失信息时，车站值班员应做到以下几点。

（1）立即通知已进入区间的后续列车司机立即停车，不再向该区间放行列车。

（2）联系占用丢失的列车司机，询问列车位置及现场情况（占用丢失的列车无异常时仍按信号显示运行，不得无故停车）。

（3）及时通知电务部门进行处理。

电务部门对故障进行检查处理。故障恢复时，列车调度员根据电务部门登记，亲自或通过车站值班员通知后续列车司机恢复正常行车。

列车占用丢失故障暂时无法恢复，具备放行列车条件时，列车调度员（车站值班员）按照电务部门登记的行车限制条件放行列车。对已进入区间的后续列车，列车调度员确认列车至前方站间区间空闲后，亲自或通过车站值班员组织列车逐列恢复运行，指示后列恢复运行前必须确认前列已完整到达前方站。司机按信号显示运行，逐列运行至前方站。区间空闲后，列车调度员（车站值班员）根据电务部门登记的行车限制条件组织行车。

（4）遇站内股道列车占用丢失报警、车站值班员（列车调度员）发现或得到站内列车占用丢失信息时，应立即停止使用该故障区段，联系司机询问列车位置和现场情况，通知电务部门处理。经电务部门检查处理后，按照电务部门登记的行车限制条件组织行车。

（5）车站值班员（列车调度员）接到列车司机在区间或站内非正常停车的报告后，应立即在车站控制台、CTC / TDCS 上确认列车位置。确认该列车是否发生列车占用丢失。

4.8.2 自动闭塞区间开通继电式逻辑检查功能车站处置措施

当继电式逻辑检查电路判断闭塞分区出现占用丢失时，继电式逻辑检查自动对该闭塞分区进行安全防护，防护该闭塞分区的通过信号机点亮红色灯光（出站第一离去区段占用丢失时为出站信号机不能开放），同时将该闭塞分区轨道电路点亮红光带。

车站值班员发现闭塞分区占用丢失逻辑检查报警后应做到以下几点。

（1）应立即通过逻辑检查人工解锁盘或 TDCS/CTC 确认发生报警的闭塞分区和列车车次。

（2）通知已进入区间的后续列车立即停车，不再向该区间放行列车，联系发生占用丢失的列车司机，询问列车位置及现场情况，报告列车调度员。

（3）及时通知电务部门并在《行车设备检查登记簿》内登记。此种情况下该闭塞分区出现的轨道电路红光带，不通知工务部门检查。

闭塞分区占用丢失逻辑检查报警自动解除后，车站值班员根据电务人员“×闭塞分区电务设备正常”的登记，报告列车调度员，恢复正常行车。

（4）区间发生占用丢失逻辑检查报警的列车完整到达前方站后，闭塞分区逻辑检查报警仍未自动解除时，车站值班员根据电务人员“×闭塞分区电务设备正常”的登记，确认该闭塞分区空闲后，在逻辑检查人工解锁盘上人工解锁该逻辑检查报警，报告列车调度员，恢复正常行车。存在设备故障时，车站值班员根据设备部门登记的行车限制条件组织行车。

（5）闭塞分区出现占用丢失逻辑检查报警后，遇逻辑检查人工解锁盘停电或接到电务人员逻辑检查设备停电的报告，车站值班员应立即通知已进入区间的后续列车停车，待该闭塞分区至前方站（线路所）间空闲后，方可通知后续列车逐列恢复运行至前方站（线路所），指示后列恢复运行前必须确认前列已完整到达前方站（线路所）。停电恢复后，车站值班员根据电务人员逻辑检查设备恢复正常的登记，报告列车调度员，恢复正常行车。

任务 4.9　区间通过信号机显示停车信号

4.9.1　通过信号机显示停车信号及显示不明或灯光熄灭的原因

（1）显示红色灯光时，可能是前方闭塞分区内有列车或机车、车辆占用；也可能是由于线路上有障碍物引起轨道电路短路或钢轨折断；还可能是轨道电路故障所致；或者是通过信号机的灯泡断丝而引起的灯光转移；等等。

（2）信号显示不明，可能是因天气关系，如灯光被飘雪、扬沙所遮盖等；也可能是自动闭塞系统发生故障。

（3）灯光熄灭，可能是灯泡断丝或灯泡松动；也可能是临时断电。

通过信号机显示停车信号及显示不明或灯光熄灭时均视为停车信号，列车如果贸然进入前方闭塞分区，有危及行车安全的可能性，因而列车必须在该信号机前停车，同时司机应使用列车无线调度通信设备通知车辆乘务员（随车机械师）停车原因。

由于是自动闭塞区间，列车追踪运行，作业十分繁忙，同时由于通过信号机处于区间，修复时间将会延长，如果列车长时间在显示停车信号（包括显示不明或灯光熄灭）的通过色灯信号机前停车，将使后续多列列车在区间停车，打乱运行秩序，造成运输工作的混乱，也不利于列车的运行安全。因此规定，在列车停车等候 2 min 后，该通过信号机仍未显示允许运行的信号时，即以遇到阻碍能随时停车的速度进入该通过信号机防护的闭塞分区继续运行，但最高运行速度不得超过 20 km/h。停车等候 2 min，如有列车在该闭塞分区正常运行，则有一定的时间出清该闭塞分区；如该闭塞分区有前行列车被迫停车不能继续运行时，有关人员有一定的时间按规定设置防护和作业联系；而要求列车以遇到阻碍能随时停车的速度运行（最高不超过 20 km/h），即使进入闭塞分区后发现有列车或有危及行车安全的情况时，可随时停车，不致发生事故。

在这种情况下，列车限速进入闭塞分区后，必须在整个闭塞分区内限速运行，不能在见到前方通过信号机显示允许运行的信号时，就立即恢复相应速度运行。只有在列车头部越过次一通过信号机（进站信号机）后，才能按其显示的要求运行。

列车在显示停车信号及显示不明或灯光熄灭的通过信号机前停车等候的同时，司机必须使用列车无线调度通信设备与车站值班员或列车调度员进行联系，车站值班员、列车调度员应通过控制台、TDCS 设备等确认该闭塞分区内有无列车，在确认有列车占用后，车站值班员、列车调度员须通知司机不得进入该闭塞分区；同时，司机还应通过目视确认前方闭塞分区内是否有列车占用。司机如通过以上方式确认有列车占用时，不得进入该闭塞分区。如司机使用列车无线调度通信设备与车站值班员、列车调度员联系不上，又无法目视确认前方闭塞分区内是否有列车占用，在停车等候 2 min 后，该信号机仍未显示允许运行的信号，即以遇到阻碍能随时停车的速度，最高不超过 20 km/h 进入该闭塞分区，司机应加强瞭望，运行中发现前方有列车占用或有危及行车安全的情况时，立即停车。

装有容许信号的通过色灯信号机显示停车信号时，准许停车后起动困难的货物列车不停车通过该信号机。由于各种货物列车牵引重量不完全相同，因此铁路局集团公司必须根据该区段使用的机车类型和线路坡度等情况，经过计算和试验，规定准许按容许信号运行的货物列车重量标准。装设容许信号的目的，主要是避免超过规定牵引重量的货物列车在此停车后起动困难，甚至请求救援打乱运行秩序。因此，当容许信号灯光熄灭时或容许信号和通过信号机灯光都熄灭时，只要司机确认信号机装有容许信号，仍可按上述速度规定，不停车通过该信号机。列车通过该信号机后，必须在整个闭塞分区以遇到阻碍能随时停车的速度运行，但最高运行速度不得超过 20 km/h，到达次一通过色灯信号机后，再按其显示的要求运行。

连续式机车信号的显示和通过信号机的显示，是通过同一个轨道电路传输的，通过信号机灯光熄灭而机车信号显示允许运行的信号时，表示前方闭塞分区处于空闲状态，所以准许列车按机车信号的显示运行。

司机发现通过信号机故障时，应将该信号机的号码通知前方站（列车调度员），以便由车站（列车调度员）通知设备部门检查修理，并组织后续列车的运行。车站值班员（列车调度员）发现或得到区间通过信号机故障的报告后，在故障修复前，对尚未进入区间的后续列车，改按站间组织行车。此时不改变原基本闭塞法，人工控制按站间间隔放行列车。

4.9.2　普速铁路非列车占用轨道电路红光带

（1）车站值班员发现及得到区间、站内非列车占用轨道电路红光带时，通知工务、电务部门检查，待工务、电务部门检查确认后，按照其登记的放行列车条件组织行车。

（2）当工务确认具备放行列车条件后，即可放行列车。

（3）当电务部门确认故障处所信号联锁及区间设备正常，仅是 CTC/TDCS 终端显示错误时，应在《行车设备检查登记簿》内登记“××轨道电路红光带 CTC/TDCS 终端显示错误，信号联锁及区间设备正常”。车站值班员根据电务登记通知工务不再进行检查处理，恢复正常组织行车。

任务 4.10 列车运行中碰撞线路障碍物

（1）列车运行中碰撞线路障碍物影响行车安全时，司机应立即采取停车措施。可能妨碍邻线时相关人员操作如下。

① 司机应立即用列车无线调度通信设备通知邻线上运行的列车和两端站（列车调度员），并与车辆乘务员（随车机械师）分别在列车的头部和尾部附近邻线上点燃火炬；在自动闭塞区间，还应对邻线来车方向短路轨道电路。配备列车防护报警装置的列车应首先使用列车防护报警装置送行防护。

② 司机应亲自或指派人员沿邻线一侧对列车进行检查，发现妨碍邻线时，应立即派人按规定防护。如发现邻线有列车开来，应鸣示紧急停车信号。

③ 车站值班员（列车调度员）接到碰撞线路障碍物可能妨碍邻线的通知后，应立即通知邻线有关列车停车，在障碍物清除前不得向邻线放行列车。

（2）列车运行中碰撞飞禽走兽、轻飘物体等较小障碍物，不影响本列运行时，可不停车。

（3）线路障碍物包括但不限于以下物体：坠落物（包括上跨桥坠落物、广告牌等）、溜塌体、遗留料具、倒树、飞禽走兽、轻飘物体、冰雪块、人为置障物、其他侵入机车车辆限界的物体等。

（4）列车运行中发生异常情况导致紧急停车（司机施加紧急制动除外）时的处置如下。

① 列车运行中发生异常情况导致紧急停车（司机施加紧急制动除外），可能发生脱轨时，司机应立即用列车无线调度通信设备通知邻线上运行的列车和两端站（列车调度员），并与车辆乘务员（随车机械师）分别在列车的头部和尾部附近邻线上点燃火炬；在自动闭塞区间，还应对邻线来车方向短路轨道电路。配备列车防护报警装置的列车应首先使用列车防护报警装置进行防护。

② 司机应亲自或指派人员沿邻线一侧对列车进行检查，发现车列脱轨妨碍邻线时，应立即派人按规定防护。如发现邻线有列车开来时，应鸣示紧急停车信号。

③ 车站值班员（列车调度员）接到列车运行中发生异常情况导致紧急停车可能发生脱轨的通知后，应立即通知邻线有关列车停车，在原因消除前不得向邻线放行列车。

任务 4.11　列车发生火灾、爆炸

列车发生火灾、爆炸时，应立即停车。使列车停车的方法：当车厢内设有紧急制动阀或紧急制动装置时，列车乘务员等有关人员应立即使用就近的紧急制动阀或紧急制动装置，使列车停车；当车厢内无紧急制动阀或紧急制动装置时，应报告司机停车。机车乘务员发现火灾、爆炸情况或接到列车发生火灾、爆炸的通知时应立即停车。停车地点应尽量不在特大桥梁或长大隧道内，选择便于旅客疏散的地点，避免因地形限制，导致救援工作不易开展。此时，列车发生火灾、爆炸后已经影响邻线列车运行的安全，因此车站接到报告后除了不再向区间放行列车，还要通知邻线及后续相关列车停车。

电气化区段立即停电不利于电力机车及动车组应急处置，因此规定根据现场需要停电时，应立即通知供电部门停电。

列车停车后应利用当地条件就地灭火，需要分隔甩车时，应根据风向及装载货物性质确定分隔甩车位置。根据经验，一般为先甩下列车后部的未着火车辆，再甩下着火车辆，然后将机次未着火车辆拉至安全地段。

对甩下的车辆，应采取防溜措施。

任务 4.12 旅客列车双管改单管作业

双管供风旅客列车采用列车制动主管和列车总风管分别供风，其中列车制动主管负责车辆副风缸的供风，主要承担列车制动的供风，列车总风管负责车辆空气弹簧、车门开关以及集便器的供风。运行途中发生双管供风设备故障或用单管供风机车救援接续牵引需改为单管供风时，双管改单管作业应在站内进行。旅客列车在区间发生故障需双管改单管供风时，由车辆乘务员通知司机向列车调度员（车站值班员）提出在前方站停车处理的请求，并通知司机以不超过 120 km/h 速度运行至前方站。列车调度员发布双管改单管供风的调度命令，车辆乘务员根据调度命令在站内将客车空气管路改为单管供风状态。旅客列车改为单管供风跨局运行时，由国铁集团发布调度命令通知有关铁路局集团公司，按单管供风办理，直至终到站。

项目 5
调车作业的有关规定

任务 5.1　调车工作的基本要求

5.1.1　调车作业人员任务

车站的调车工作，应按车站的技术作业过程及调车作业计划进行。参加调车作业的人员应做到以下几点。

（1）及时编组、解体列车，保证按列车运行图的规定时刻发车，不影响接车。

明确接发车与调车的关系，即编组要保证发车、解体要不影响接车。及时编组列车，就是按规定的时间标准完成编组任务，从而保证列车按运行图规定的时刻正点发车。因此，车站的编组列车顺序及每列车编完时间，应按列车运行图规定的各次列车发车时间去安排。在不妨碍正常接车和解体的条件下，正确安排编组列车计划，不要过早地将编组完了的列车转入到发线，以免待发时间过长，影响到发线的合理运用。及时解体列车，就是到达列车完成技术作业后，即应进行解体作业。这样既可减少占用到发线时间，又可保证正常接发其他列车，并为中转车流接续和作业车的送车创造条件。调车作业除从编组解体方面保证列车接发以外，从行车组织的角度，还应严格执行在正线、到发线上作业的有关规定，保证调车作业不影响接发列车。

（2）及时取送客货作业和检修的车辆。

及时取送客货作业和检修车辆，有助于快速取送旅客列车车体，保证车辆技术检查和客运整备作业所需时间，及时出入库，保证旅客列车安全正点始发；有助于货物装卸及检修作业，能缩短车辆停留时间和非生产时间，加速车辆周转。旅客列车始发量较大的车站，应从保证旅客列车正点始发的原则出发，加强与车辆及客运部门的联系，做到编组车体与出入库兼顾；货物作业量较大、取送地点较多的车站，应从节省车辆小时和加速货物送达的原则出发，合理安排取送车计划，兼顾取送作业与列车编解作业。检修车辆按需要应实行定点、定量、定时取送，以利于检修作业的正常进行。车站与专用线、段管线所属部门应签订取送车协议，明确各自的管理职责，加强专用线、段管线的管理，在《站细》中应明确规定专用线、段管线取送车办法。

（3）充分运用调车机车及一切技术设备，采用先进工作方法，用最少的时间完成调车任务。

调车工作应采取先进的作业方法，提高作业效率。一方面要发挥调车人员的积极性，各工种间密切配合、协同动作，不断提高劳动生产率；另一方面要经济合理地运用调车机车及一切技术设备，采用先进工作方法，周密计划，合理安排，做到快编、快解、快取、快送，尽可能组织平行作业，充分挖掘设备潜力，压缩各种非生产时间，提高调车效率，最大限度地发挥调车机车和技术设备的效能。这是对调车工作的一项基本要求，也是衡量车站行车组织工作水平的一个重要标志。

（4）认真执行作业标准，保证调车有关人员的人身安全及行车安全。

为认真贯彻运输的要求，车站应坚持把安全生产放在最核心、最重要、最突出的位置，牢固树立大运输、大安全的观点，提高安全工作的使命感和责任感，在安全生产中应发挥核心作用。调车工作是在动态中进行的，作业组织复杂，多工种联合动作，时常面对恶劣的天气，多变的环境，影响因素诸多。多年来，调车事故在行车事故中所占比重最大，反映了调车安全的重要性和必要性。在调车工作中，必须认真执行规章制度，落实作业标准，遵章守纪，防止一切可能发生的事故，做到安全生产。

5.1.2 调车作业“九固定”

调车工作要固定作业区域、线路使用、调车机车、人员、班次、交接班时间、交接班地点、工具数量及其存放地点。

作固定替换用的调车机车及小运转机车，应符合调车机车的条件（有前后头灯、扶手把、防滑踏板等）。

1. 固定作业区域

在调车作业繁忙、站线较多的车站，配有两台或两台以上调车机时，应根据车站作业特点、设备情况以及调车作业性质，划分每台调车机的固定作业区域，以避免各调车机车作业的相互干扰，并有利于作业人员熟悉本区作业性质和设备状况，掌握作业区调车工作的规律。

2. 固定线路使用

根据车站线路配置情况及车流性质，要固定车站调车场每一条线路用途，以有效地使用线路，减少重复作业，缩短调车行程，提高调车效率。技术站的调车线，应按车站调车工作任务要求、编组计划去向、车流性质、车流量大小等，结合线路配置及有效长等确定。

3. 固定调车机车

为便于调车工作，要求担负调车作业的机车起、停车快，前后瞭望条件好，便于调车人员上下车并能顺利通过较小半径曲线。因而，调车用的机车要车身短，轴距小，前后均有头灯、木脚踏板、扶手把等设备。替班调车机车应具备调车机车的设备条件，为此，担当调车作业的机车应固定使用。

4. 固定人员、班次

调车作业是由多工种配合进行的，包括调车组人员、调车机车的乘务人员和扳道人员等。人员和班次固定才有利于相互了解、密切配合、协调作业，有利于确保调车人员人身和作业安全。

5. 固定交接班时间和地点

固定交接班时间和地点，可以避免交接班人员相互等待，有利于缩短非生产时间。这里主要指的是调车组和调车机车乘务组的交接班时间必须统一，交接班地点必须固定。

6. 固定工具数量及存放地点

配备足够数量和质量良好的调车工具和备品，如铁鞋、叉子等，是做好调车工作的物质保证。固定其数量和存放地点，不仅便于使用保管，而且当损坏或短少时，也便于及时发现和补充，保证正常的作业需要。

任务 5.2 调车工作方式

（1）使用机车进行调车作业时，应采用无线调车灯显设备（机车摘挂、转线等不进行车辆摘挂的作业，列车在到达线路内拉道口、直接后部摘车除外），并使用规定频率，其显示方式须符合有关要求。无线调车灯显设备应与列车运行监控装置配合使用。

无线调车灯显设备正常使用时停用手信号，对灯显以外的作业指令采用通话方式；无线调车灯显设备发生故障时，改用手信号作业。

无线调车灯显设备、无线调车机车信号和监控系统的使用、维修及管理办法由铁路局规定。

（2）调车工作繁忙、配线较多的车站，可划分为几个调车区，没有做好联系和防护，不准越区或转场作业，调车机车越区作业的联系和防护办法，应在《站细》内规定。

两台机车同时在同一调车区或同一线路上作业，应遵守下列规定。

① 两端不准相对方向同时推车。

② 空线禁止两端同时溜放。

③ 不准同时一端推车，另一端溜放（但不连挂和不推动分界车组除外）。

④ 不准一端列车出发未出清股道时，另一端向该线路调车；不准该线路中已停留的机车车辆与开出的列车同方向移动。

⑤ 交流计数式电码化设备的车站，不准一端发出列车头部未越过出站（发车进路）信号机时另一端向外调车。

调车场横向划区作业的车站，同一线路两端同时作业的办法在《站细》内规定，可不受上述规定限制。

任务 5.3 调车工作领导与指挥的有关规定

5.3.1 调车作业领导工作

车站的调车工作，由车站调度员（未设车站调度员的由调车区长，未设调车区长的由车站值班员）统一领导。分场（区）时，各场（区）的调车工作，由负责该场（区）的车站调度员或该场（区）的调车区长领导。动车段（所）调车工作的领导及指挥由铁路局规定。

统一领导，就是在同一时间内，车站的调车工作只能由车站调度员（未设车站调度员的由车站值班员）统一领导；各场（区）的调车工作，由负责该场（区）的车站调度员或该场（区）的调车区长领导。

各调车区之间相互关联的调车工作，应按车站调度员的指示进行，调车区长（或驼峰调车区长）不得超越自己的职权去领导其他场、区的作业。车站调度员、调车区长在领导调车工作中，遇有占正线、到发线和机车走行线以及影响接发列车进路的调车工作时，必须与车站值班员联系，并取得其同意后方可进行。占用正线、到发线的调车，常与接发列车作业干扰，因联系不彻底或盲目越过警冲标，有造成列车冲突的可能。

5.3.2 调车作业指挥工作

（1）调车作业由调车长单一指挥。利用本务机车进行调车作业时，可由车站值班员或助理值班员担任指挥工作。遇有特殊情况，可由经鉴定、考试合格取得调车长资格的胜任人员代替。

单一指挥，就是在同一时间内，一台调车机车的调车作业计划的执行、作业方法的拟定和布置，以及调车机车行动的指挥，只能由调车长一人指挥。

未配调车长的车站，由本务机车进行调车作业时，可由车站值班员、助理值班员担任指挥工作。遇有特殊情况，上述人员不能指挥调车作业时，可由有任免权限的单位鉴定、考试合格的连结员代替。如果一个调车组配有两名调车长时，对每台担当调车作业的机车，在同一班次内，不得轮流指挥。必须更换指挥人时，应按各局有关规定办理。在调车作业中，所有调车有关人员（调车组、扳道组、机车乘务组）都必须服从调车指挥人的指挥。

（2）调车长在调车作业前，必须亲自并督促组内人员充分做好准备，认真进行

需要时可沿此线裁成活页

检查。在作业中应做到：

① 组织调车人员正确及时地完成调车任务；

② 正确及时地显示信号（发出指令），指挥调车机车的行动；

③ 负责调车人员的人身安全和行车安全。

调车工作是一项由多工种联合行动的复杂工作。作业人员及工种多，作业组织比较复杂，作业方法灵活多变，影响的因素比较多，为安全、迅速、高质量地完成调车任务，调车工作必须实行统一领导和单一指挥。

任务 5.4　计划及准备

5.4.1　调车作业计划编制及布置

调车作业计划是调车人员的行动依据，调车领导人通过调车作业计划来实现对调车工作的领导，完成调车工作任务。调车领导人必须根据车站技术作业过程所规定的各项技术作业时间标准和班计划、阶段计划的任务要求，结合站内或有关区域内现在车分布情况和列车到达确报，按始发列车的编组要求、到达列车的编组内容、旅客列车车底、货物作业车和检修车取送安排、接发列车与调车作业的进展情况等，正确及时地编制、布置调车作业计划。

1. 调车作业计划的基本要求

调车领导人应正确及时地编制、布置调车作业计划。布置调车作业计划，应使用调车作业通知单。中间站利用本务机车调车，应使用有示意图的调车作业通知单（示意图可另附）。使用无线调车灯显设备的车站，调车作业计划布置方法，由铁路局规定。

列车在到达线路内拉道口、对货位、直接后部摘车、本务机车（包括重联机车、补机）摘挂及转线、企业自备机车进入站内交接线整列取送作业，可不使用调车作业通知单。自轮运转特种设备调车作业是否需要使用调车作业通知单由铁路局规定。

2. 调车作业计划的编制

编制调车作业计划时，在充分考虑各方面因素的基础上，要努力提高作业效率，用最少的作业钩数，最短的调车行程，占用最少的线路，消耗最少的时间，完成阶段计划所规定的各项调车工作任务，并符合下列要求。

（1）符合列车编组计划、列车运行图和《技规》的规定，保证调车作业和人身安全。

（2）合理运用技术设备和先进工作方法，最大限度地实现解体照顾编组，解体照顾送车，使解、编、取、送作业密切配合，做到调车钩数少，行程短、调动辆数（带车数）少、占用股道少、作业方便，即平均钩分小，调车效率高。

（3）做到及时、准确、完整。“及时”就是及时编制和下达计划；“准确”就是保证计划本身无漏洞、无差错，尽量不变或少变计划；“完整”就是要求调车作业通知单字迹清楚，项目齐全。

3. 调车作业计划的布置、传达

（1）调车领导人与调车指挥人必须亲自交接计划。由于设备原因，亲自交接计划确有困难以及设有调车作业通知单传输装置的车站，交接办法在《站细》内规定。

① 调车领导人和调车指挥人亲自交接计划不仅能够防止误传计划，而且能交换更多的情况，全面了解作业任务及意图，及时准确地掌握各种注意事项，有利于保证安全，提高效率。

② 因连续作业，调车指挥人不能离机车时，调车领导人应将计划亲自送到作业场所，当面交与调车指挥人。

③ 因设备和劳动组织的原因，调车领导人与调车指挥人不能亲自交接计划时，交接办法在《站细》内规定。但无论用人工传递、固定设备传递或电话抄收等，都必须保证调车计划能够交接清楚。

④ 调车领导人不便向调车指挥人布置调车作业计划时，可使用无线调车灯显设备布置调车作业计划，调车指挥人（《站细》规定的人员）填写调车作业通知单（规定可不使用调车作业通知单除外）并逐钩复诵，调车领导人核对确认无误。

⑤ 自动化驼峰设备可将计划直接传输至自动控制系统，有的还采用调车通知单传输系统（传统机械、有线或无线设备等）、计算机网络传输、电话传真等，但计划接收人均应与计划编制人进行认真的核对，以免计划接收不正确影响作业，具体核对方法应在《站细》内规定。

（2）调车指挥人应根据调车作业计划制定具体作业方法，连同注意事项，亲自向司机交递和传达；对其他有关人员，应亲自或指派连结员进行传达。具体传达办法，在《站细》内规定。调车指挥人确认有关人员均已了解调车作业计划后，方可开始作业。

① 为正确及时地完成调车作业计划，调车指挥人每次接受调车作业计划后，应根据计划内容和要求，结合设备、车辆停留、人员配备等情况，制定具体的调车作业方法，连同注意事项亲自向司机交递和传达。

② 对其他人员也应亲自传达，使参加调车作业的人员明确作业方法和注意事项，按照计划统一协调行动。

③ 线路比较分散、业务量比较大的车站，调车指挥人亲自传达计划有困难时，可指派连结员进行传达，具体传达办法在《站细》内规定。比如由调车领导人将调车作业计划向信号员传达；驼峰作业时，调车领导人向峰顶提钩人员及峰下铁鞋制动长传达；未设调车组的中间站利用本务机车作业时，由车站值班员向扳道员传达。

（3）调车作业计划传达办法。

① 复写的调车作业通知单须逐钩传达。打印的调车作业通知单可只传达作业方法和注意事项等，具体办法在《站细》内规定。向司机传达调车作业计划应逐钩传达，驼峰解体作业计划可只传达作业方法和注意事项。

按规定调车作业可不使用调车作业通知单时，车站值班员（调车领导人、驼峰调车长）必须口头向司机和有关作业人员传达作业计划；连续以口头方式布置计划时，必须一批作业完了后，方可布置下一批。

传达计划时，必须认真听取接受者复诵，计划不清、接受者不复诵，不准作业。

② 距调车领导人、调车指挥人较远的信号操纵、扳道人员，送交书面计划确有困难时，可电话传达。接受者必须逐钩记录、复诵和复核。

③ 调车领导人与调车指挥人亲自交接计划有困难时，可向助理值班员（监控负责人）等胜任人员传达，再由其亲自向调车指挥人转达。对亲自交接和递送计划有困难的地点、人员以及传达的方法，应在《站细》中规定。

4. 调车计划的变更

变更计划主要指变更股道、辆数、作业方法及取送作业的区域或线路。随意变更计划，既不安全也影响效率。但调车作业涉及的因素较多，且多为活的因素，产生计划变更是难免的。因此，必须严格遵守下列规定。

（1）只准许调车领导人变更调车作业计划。

（2）一批作业（指一张调车作业通知单）不超过三钩或变更计划不超过三钩时，可用口头方式布置（中间站利用本务机车调车除外），有关人员必须复诵。变更股道时，必须停车传达。仅变更作业方法或辆数时，不受口头传达三钩的限制，但调车指挥人必须向有关人员传达清楚，有关人员必须复诵。

（3）驼峰解散车辆，只变更钩数、辆数、股道时，可不通知司机，但调车机车变更为下峰作业或向禁溜线送车前，须通知司机。

在驼峰上解散车辆时，变更机车下峰或向禁溜线送车时，必须先通知司机，对调车、扳道有关人员按规定传达后，方可进行作业。

（4）中间站利用本务机车调车时，无论变更钩数多少，都应重新填写附有示意图的调车作业通知单。

（5）变更调车作业计划须重新编制或修改调车作业通知单（可口头传达调车作业计划时除外），司机的调车作业通知单由调车指挥人负责修改。具体办法在《站细》内规定。

岔线调车时，如遇实际情况与原计划不符，准许调车指挥人根据实际情况，自行制定作业计划，但在作业完了后，必须及时向调车领导人汇报计划变更情况和车辆停留情况。

（6）平面调车时，溜放变连挂、溜放变推送，均应先显示停车信号（指令），待司机回示后，方可显示作业信号（指令）进行作业。

（7）取消调车进路时，必须先通知调车指挥人（单机、动车组为司机），在得到调车指挥人（单机、动车组为司机）已经停轮的准确回答后，方可取消调车进路。取消“非进路”调车时，须取得相关人员同意，确认车列已停妥或未在“非进路”区段后，方可办理。具体方法在《站细》内规定。

5.4.2 调车作业准备

提前做好调车作业前的准备工作，搞好安全预想，才能顺利地进行调车作业，安全迅速地完成调车工作任务。调车作业前须做好下列准备工作。

需要时可沿此线裁成活页

（1）作业开始前要事先做好排风、摘管工作。

排风，是指由专人拉动待解车列每辆车的缓解阀，将副风缸、制动缸的风排净，防止因副风缸内余风漏泄发生制动，造成车辆作业中抱闸，危及溜放车辆的安全。摘管，是指按调车作业计划的要求，将摘开车组处的车辆软管摘开，方便提钩作业，以免在解散或溜放过程中停车摘管，延长解体时间。

在调车作业开始前，为了使调车人员进一步清楚作业计划和分工，有关人员应进一步核实确认计划，明确各自的作业分工，并做好安全预想。特别是对调车指挥人不能亲自传达布置的人员，更要认真核对计划防止错漏。在填写或抄收、传收“调车作业通知单”的过程中，也要认真核对，防止传错、抄错。

确认进路、检查线路、道岔和停留车位置等工作，都是确保调车作业安全的重要环节。在集中区调车时，要确认进路上所有调车信号机都处于开放状态；在非集中区调车时，要确认扳道人员的开通信号，无扳道人员时调车组人员要确认道岔开通位置。确认进路，调车人员必须做到钩钩确认。

在轨道电路分路不良区段进行调车作业时，调车组人员（司机）还应确认调车车列（机车）到达指定地点后，再通知准备进路人员排列进路。防止因轨道电路分路不良造成道岔途中转换，危及调车安全。

要提前检查线路、道岔、停留车位置，尤其是去货物线、专用线、段管线取送车辆时，应事先派人检查线路、道岔、车辆、大门、货物堆放距离及安全防护用具使用情况，因路途较远或受人员、设备的限制，可在进入上述线路前停车检查，具体办法应在《站细》内规定。货物线、专用线、段管线由于作业特点、人员和管理方面的问题，不确定的因素多，作业条件变化大，因此要认真检查确认，不得简化作业过程、臆测作业和盲目图快，同时要有联控制度，以防疏漏，确保安全。

检查停留车辆的防溜措施，主要是指去货物线、专用线、段管线及其他停有采取防溜措施车辆的线路上摘挂车辆时，应先检查停留车是否采取了防溜措施。牵出车列时，要检查车下有无铁鞋、止轮器，人力制动机是否松开，防止因拉鞋、轧止轮器或抱闸造成事故。对摘下需要采取防溜措施的车辆，要检查是否按规定采取了防溜措施，是否牢靠固定、防盗措施齐全。

（2）人力制动机制动时，要事先做好选闸和试闸工作。

在选闸和试闸中，一般要做到“六选六不选”，即选前不选后，选重不选空，选大不选小，选高不选低，选标不选杂、选旧不选新和“一闸两试”（停车试闸和牵出试闸）等方法。这样，才能保证溜出的车组有足够的制动力，防止选闸不当制动力不够或未试闸等，致使人力制动机制动力不强或不制动造成事故。

为了保证调车作业人员的人身安全，使用人力制动机制动的人员，必须按规定挂好安全带。

（3）铁鞋制动时，包线制动员要根据溜放车组的空重及辆数的多少，提前在上鞋地点备好足够的良好铁鞋，还要提前准备好防溜器具。

（4）无线调车灯显设备试验良好，在调车作业前要对设备提前进行检验，使用时才能保证正常，发现问题及时更换或者维修。

任务 5.5　正线、到发线调车作业的有关规定

车站的正线、到发线主要办理列车接发、通过、会让。在正线、到发线上调车时，应遵守下列要求。

（1）要经过车站值班员的准许。车站值班员负责掌握正线、到发线的使用，了解列车运行情况，对保证不间断地接发列车负有直接责任。因此，占用或影响正线、到发线的调车，必须经过车站值班员的准许，特别是设有车站调度员的车站更应注意，以免妨碍列车的接发。在调度集中区段，由列车调度员办理接发列车，掌握车站的正线、到发线运用的情况下，在正线、到发线上调车时，必须取得列车调度员的准许。

（2）在接发列车时，车站值班员应掌握调车作业的实际情况，并应按《站细》规定的时间，确认影响列车进路的调车作业已停止，再排列接发车进路，开放信号。

① 接车进路，是指由进站信号机起至接车线末端计算该线有效长的警冲标或出站信号机（若有延续进路，为至延续进路末端）止的一段线路，如图 5–5–1 所示。

图 5–5–1　接车进路示意图

② 发车进路，是指由列车前端起至相对进站信号机或站界标止的一段线路，如图 5–5–2 所示。

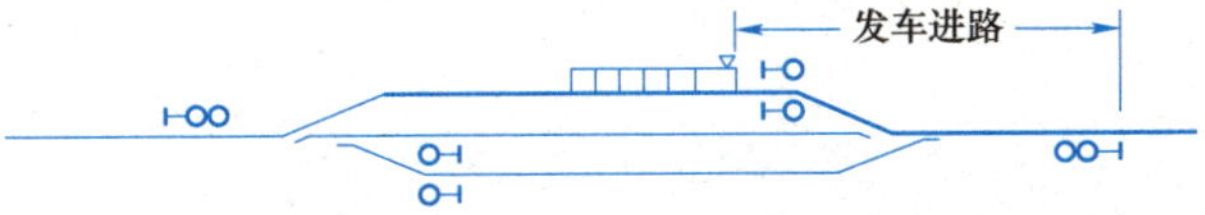

图 5–5–2　发车进路示意图

③ 通过进路，为该列车通过线路两端进站信号机或站界标间的一段线路，如图 5–5–3 所示。

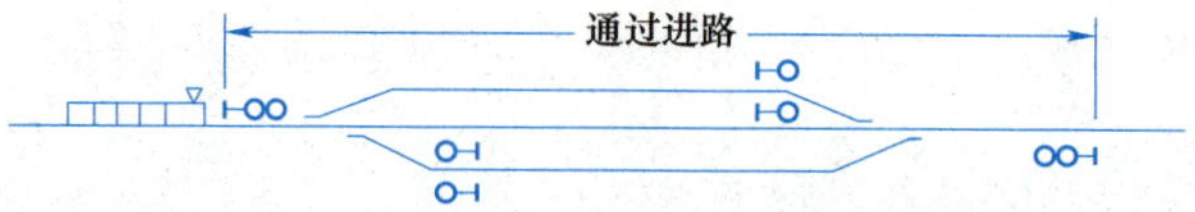

图 5-5-3　通过进路示意图

占用或穿越上述列车进路直接影响接发列车的调车活动，以及在接发超限货物列车进路的邻线，线间距离不足 5 000 mm 的线路上调车，或接发非超限列车而在线间距离不足 5 000 mm 的邻线调动有超限货物的车辆等情况，均称为影响列车进路的调车作业。

（3）影响列车进路的调车作业，应在《站细》规定的开放信号时机前停止，严禁抢钩作业。

① 接发旅客列车时，与接发列车进路没有隔开设备或脱轨器的线路，不准向能进入接发列车进路的方向调车。本务机车在停留线路内摘挂、列车拉道口时除外。有特殊困难的车站，确需调车时，制定安全措施，由铁路局批准。

② 在接发旅客列车时，除遵守正线、到发线调车作业及影响接发列车进路的调车作业等相关规定外，为防止其他调车作业中的机车车辆因溜逸、冒进信号等进入接发列车进路，与正在进出站的旅客列车发生冲突，规定在接发旅客列车时，与接发列车进路没有隔开设备或脱轨器的线路，不准向能进入接发列车进路的方向调车。

③ 为了尽可能地压缩非生产等待时间，并考虑本务机车在停留线路内摘挂、列车拉道口等作业机车车辆移动范围小、目的明确，允许接发旅客列车时，在与接发列车进路没有隔开设备或脱轨器的线路，进行本务机车摘挂、列车拉道口作业，但须严格控制速度，只能在本线路内进行。

④ 有特殊困难的车站，确需调车时，应根据作业特点和设备实际制定相应的安全措施，由铁路局批准。接发空载动车组有特殊困难的动车段（所），可比照有特殊困难的车站办理。

⑤ 车站值班员要认真掌握机车出入段的经路。

有固定机车走行线时，出入段机车必须走固定走行线。机车固定走行线上禁止停留机车车辆。

没有固定走行线或临时变更走行线时，应通知司机经路（集中联锁的车站除外），司机按固定信号或扳道员显示的允许运行的信号行车。

参 考 文 献

[1] 中国铁道科学研究院集团有限公司标准计量研究所. 铁路接发列车作业：TB/T 30001—2020. 北京：中国铁道出版社有限公司，2021.
[2] 中国铁道科学研究院集团有限公司标准计量研究所. 铁路车机联控作业：TB/T 30003—2020. 北京：中国铁道出版社有限公司，2021.
[3] 中国铁路总公司. 铁路技术管理规程：普速铁路部分. 北京：中国铁道出版社，2014.
[4] 中国铁路总公司. 铁路技术管理规程：高速铁路部分. 北京：中国铁道出版社，2014.
[5] 冯春祥，莫建国. 铁路站场设备运用车电配合. 北京：中国铁道出版社，2015.
[6] 佟以亮. 铁路车站行车工作组织. 北京：中国铁道出版社，2018.
[7] 李想. 铁路调车工作组织. 北京：中国铁道出版社，2018.
[8] 冯春祥. 车站值班员. 北京：中国铁道出版社，2015.

需要时可沿此线裁成活页